物理能量转换

图文并茂，具有趣味性、知识性

ZIRANDEYUNLV

自然的韵律

编著◎吴波

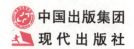

中国出版集团
现代出版社

图书在版编目（CIP）数据

自然的韵律 / 吴波编著 . —北京：现代出版社，
2013.1
（物理能量转换世界）
ISBN 978 – 7 – 5143 – 1042 – 9

Ⅰ. ①自… Ⅱ. ①吴… Ⅲ. ①声学 – 青年读物②声学
– 少年读物 Ⅳ. ①O42 – 49

中国版本图书馆 CIP 数据核字（2012）第 292886 号

自然的韵律

编　　著	吴　波
责任编辑	刘　刚
出版发行	现代出版社
地　　址	北京市安定门外安华里 504 号
邮政编码	100011
电　　话	010 – 64267325　010 – 64245264（兼传真）
网　　址	www. xdcbs. com
电子信箱	xiandai@ cnpitc. com. cn
印　　刷	固安县云鼎印刷有限公司
开　　本	710mm×1000mm　1/16
印　　张	12
版　　次	2013 年 1 月第 1 版　2021 年 3 月第 3 次印刷
书　　号	ISBN 978 – 7 – 5143 – 1042 – 9
定　　价	36.00 元

前 言

　　我们生活在一个有声的世界里，声音给我们这个世界制造了种种奇妙的现象：

　　20世纪初，荷兰一座军火库突然爆炸，惊扰得千里之外的城乡鸡犬不宁，可是离开出事地点只有几百千米的一些地方的居民，却不知道爆炸这回事，因为他们根本就没有听到爆炸声……

　　一个人站在广袤的平原上大声呼喊，是听不到回声的；一个人站在高楼林立的大马路上呼喊，也是听不到回声的。可是如果一个人站在寂静的山谷中呼喊，他不仅可以听到响亮的回声，而且感到应声四起，此起彼伏，十分有趣。

　　几个人晚上在新疆塔克拉玛干沙漠的沙丘顶上宿营，突然听到一种高昂而清朗的声音，好像有人在拨弄琴弦。于是他们循着琴声走去，结果发现声音原来是从沙丘上滑下的沙子发出的。

　　在我们生活的地球上，像这样的例子不胜枚举，只要我们去留意，就会发现许多与声音有关的奇妙现象。

　　我们生活在一个有着悦耳动听之声的世界里，大自然中的鸟语令我们烦虑尽消，美妙的音乐令我们精神愉悦，动听的笑声令我们心情舒畅，婴儿的哭声令我们心生怜爱，关切的话语令我们心头温暖……

　　我们也生活在一个有着可恶可怕的声音的世界里，无处不在的噪声像一把杀人不见血的软刀子时时折磨着我们的耳膜、神经和心理，有时甚至令人精神崩溃或产生暴力冲动。常常伴随地震、火山喷发、海上风暴等灾难而来的次声更加令人恐怖，人耳无法听到它，它就像一个隐形杀手在不知不觉中破坏人体的平衡器官，造成耳朵、神经系统和大脑的损伤，从而引起恐惧、头痛、晕眩、呕吐、眼球上下颤动等症状，严重时会致人死亡。

我们生活的世界里，声音随时可闻，随地可感，它太普通了，普通得以至我们会忽视其实是身手不凡、神通广大的它。

利用物体发出声波的回声，可以探索障碍物的存在；同时由接收到回声时间的长短，还能判断出物体距离目标的远近。根据这个原理，科学家研制出了"回声测位仪"。

根据超声可以作定向发射，并且在水下传播距离远、传送能量大的特点，法国物理学家郎之万提出用超声侦察潜艇的设想，并且在不久既研制成功世界上第一台使用超声侦察潜艇的设备，他把它称之为"声呐"。

声呐在捕鱼业中应用得最广泛，它使人们在辽阔的大海中捕鱼作业不再瞎摸了。20 世纪 30 年代第一次使用声呐时，就真正地改变了整个渔业的面貌。

盲人看不到缤纷的世界，连走路也不便，是十分痛苦的，而超声探路装置的出现，为他们装上了"眼睛"。

用来检测金属材料的超声探测仪，可以探测材料内部缺陷，及时得到修正，从而避免造成重大损失，在工业生产中发挥着重要作用。

B 型超声诊断仪的广泛应用，让医生不仅能直接观察脏器及其上面的病灶，而且还能看到脏器的活动画面，从而对症治疗。

音乐能促进农作物增产，这是由于在有节奏的音乐声波的刺激下，生物体内细胞的生命活动迅速增强，这加速了细胞的新陈代谢，促进了作物的生长。另一方面，声波的作用还能提高土壤的温度和激活土壤中有益的微生物，这也为农作物的茁壮成长，创造了有利的条件。

总之，声音的用途极为广泛，而且它的本领之大，常常出乎我们的意料之外。

走进声音的世界，感受声音的奇妙之处，领略声音的神通广大，从而开阔我们的视野，拓展我们的知识范围，提高我们的科学水平。

目 录

可恶可怕的声音

认识声音
RENSHI SHENGYIN

　　声音看不见，摸不着，是个十分奇妙的东西，曾引起古人对它的种种有趣的猜测。其实声音并不是什么神秘莫测的微妙物质，它只不过是振动物体发出的一种声波。我们耳道末端的鼓膜，在声波的作用下会产生振动，于是我们就听到声音了。

　　声音是通过空气、液体和固体等介质进行传播的，声音的传播速度跟介质的性质有密切的关系。声音传播过程中，介质分子依次在自己的平衡位置附近振动，介质分子具有一种反抗偏离平衡位置的本领。水分子的反抗本领比空气分子的大，所以，声音在水中的传播速度比在空气中大。铁原子的反抗本领比水分子还要大，所以，声音在钢铁中传播速度更大。

　　实验表明，人仅能听到频率在 20～20 000 赫以内的声波。这个范围内的声波叫可闻声波。低于 20 赫的叫次声波，高于 20 000 赫的叫超声波。次声波和超声波是人听不见的。

　　另外，声音具有掩蔽现象、聚焦现象与衍射现象，声音还会发生多普勒效应与双耳效应，等等。

揭开声音的奥秘

声音看不见，摸不着，是个十分奇妙的东西。正如俄国诗人涅克拉索夫所描述的那样：

> 谁都没有看到过它，
>
> 听呢，——每个人都听到过。
>
> 没有形体，可是它活着，
>
> 没有舌头——却会喊叫……

声音即然如此微妙，自然引起古人对它的种种神秘的猜测。例如，古希腊学者恩培多克勒就提出过一种看法，他认为声音是一种"微妙物质"，这种物质潜藏在各种物体之中，因此平日不易发现它。可是当物体受到冲击或打击时，它就像受到惊吓一样跑了出来。它一旦跑进人的耳朵里，就会被听到，而成为我们平日所说的"声音"。恩培多克勒的这种说法，听起来似乎有些道理，然而事实却不是这样。有人曾对着一端开口的竹筒大声喊叫，然后把竹筒密封好。按照恩培多克勒的说法，这样做的结果，这个人发出来的声音"物质"就都被保存下来了。可是，当他打开密封的竹筒时，却什么也听不到。可见，恩培多克勒的说法是站不住脚的。

后来，随着人们观察的不断深入和科学实验的开展，声音的奥秘才逐渐被揭开。为了说明声音究竟是什么，让我们仔细观察和分析一下发生在我们身边的一些声音现象。

用力敲一下鼓面，它就会发出咚咚的声响。这时如果我们用手去抚摸一下鼓面，就会感觉它在上下起伏振动。等到鼓面不振动了，鼓声也就消失了。用琴弓摩擦一下琴弦，它就会发出悠扬的琴声。当我们拿一纸条跟琴弦接触时，就会发现纸条来回振动起来。等纸条不再振动了，琴声也就中止了。由此可见，声音是由物体振动产生的。

拿一根振动着的竹片不间歇地敲打水面，水面就会出现一圈圈的波纹，不断扩大向外传播出去，这就是我们通常所说的水波。同样道理，当发声物体振动时，在它周围也会形成一层层不断向外扩展的波纹，这就是声波。如果传播中的声波进入人的耳朵里，它还会引起人耳内鼓膜的振动，于是人们就听到了声音。

琴　声

原来，声音并不是什么神秘莫测的微妙物质，它只不过是振动物体发出的一种波纹——声波。

各种声音有什么不同呢？首先是声音的强弱不同，这叫声强。

找一根废钢锯条，把它夹紧在抽屉缝里，伸出来的部分要长一些。用手指拨动锯条，让锯条弯得厉害些，一松手，听！发出了较强的声响。如果你只是轻轻地拨动一下，锯条来回振动得不很大，声音就小多了。

仔细观察一下那根锯条的运动情况。当你没有拨动锯条时，锯条的位置叫平衡位置，当你拨动锯条，例如把锯条先向下弯，弯到一定的位置，然后拿开手，锯条就开始返回平衡位置，过了平衡位置继续向上弯，一直到某一位置，锯条又返回平衡位置，到了平衡位置，就完成了一次振动。

在物理学里，把振动物体离开平衡位置的最大距离叫做振幅。用力拨动它，它的振幅就大；轻轻拨动它，它的振幅就小。

锯条琴的实验告诉我们，声强和声源的振幅有关系。声源振幅越大，声音越强；声源振幅越小，声音越弱。

声音的强弱用声级表示，它的单位叫分贝。小电钟的声级是 40 分贝，普通谈话的声级是 70 分贝，气锤噪声的声级是 120 分贝，喷气式飞机噪声的声级是 160 分贝，巨大的火箭噪声的声级是 195 分贝。

在空气中，人类刚刚可以听到的最弱的声音的声级是 0 分贝，它的能量很小，这种声音造成的压力变化只有蚊子落到人手上时所感受的压力变化的1/1 000。目前还没有任何仪器能达到人耳这样高的灵敏度。人听得见的这种最弱的声音极限，在声学中就叫"听阈"（阈，yù，范围的意思）。

当人站在飞机发动机旁或者凿岩机旁，隆隆的噪声会使人耳产生疼痛的感觉，这种声音的能量很大，在声学中叫做"痛阈"。这时的声级大约是 120 分贝，它的压强是 0 分贝时的 1 万亿倍呢！

声音不但有强弱，而且有高低。声音的高低程度叫做音调。不同的音调是怎样产生的呢？让我们先做个小实验吧。

找一张旧年历卡片（或者有弹性的硬纸板）、一辆自行车。把自行车支起来，一只手转动自行车的脚踏板，另一只手拿着硬纸片，让纸片的一头伸到自行车后轮的辐条中。先慢慢转，这时可以听到纸片的"轧轧"声；再加快转速，纸片发出的声调就会变高；当转速达到一定程度时，纸片就会"尖叫"起来了。

很明显，纸片音调的变化是和纸片每秒钟振动的次数有关系的：车轮旋转比较慢的时候，同一时间内纸片跟车条的接触次数比较少，也就是说，每秒钟纸片振动的次数比较少。反过来，车轮转得快时，纸片每秒钟振动的次数就多了。

振动着的物体在 1 秒钟里完成全振动的次数叫做频率。频率的单位叫赫兹（简称赫），也叫周/秒（读做"周每秒"）。大钢琴最低音的频率是 27 赫，最高音的频率是 4 000 赫，它包含了这么广的频率范围，当然能演奏丰富多彩的乐曲了。

人讲话的音调也有高低。成年男子的声带长而厚，基本振动频率低，只有100 ~ 300 赫；女子的声带短而薄，基本振动频率比较高，一般是 160 ~ 400赫，所以女子说话的音调都比男子高一些。儿童的声带比较短薄，童音音调比较高。少年的声带正在发育，都有一段"变音"的时期，在这个时期应注意保护声带。

勤劳的蜜蜂用 440 赫的频率飞出去采蜜，当它们满载而归的时候，翅膀振动的频率降到 330 赫，有经验的养蜂人听到蜜蜂的"歌声"，就能知道它们是否采到了蜜。

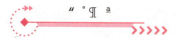

恩培多克勒

　　恩培多克勒是古希腊先哲，约生于前493年到前432年之间的西西里阿克拉嘎斯（今阿格里琴托），他在哲学与科学的多个领域都有建树。他对科学最重要的贡献就是，发现空气是一种独立的实体。他证明这一点是由于观察到一个瓶子或者任何类似的器皿倒着放进水里的时候，水就不会进入瓶子里面去。在宇宙论方面，他提出了土、气、火与水的四原素学说，他认为其中每一种都是永恒的，但是它们可以以不同的比例混合起来，这样，便产生了我们在世界上所发现的种种变化着的复杂物质。

延伸阅读

各种形式的振动

　　如果使物体振动起来以后，不再对它施加外力，任其自然，这种振动就叫自由振动，也叫固有振动。

　　用脚踏动缝纫机的踏板，使缝纫机转动。上边的缝针上下振动了，同时发出了"咔嗒咔嗒"的声响。这跟自由振动不一样，它的振动是被迫的，因此叫受迫振动。

　　风吹树枝的摇动、秋千的荡动、钟摆的摆动、汽缸中活塞的运动等等都具有一个共同特点：物体或物体的一部分在一定位置附近做来回往复的运动，这种运动称为秋千振动。

　　在自然界中，机械振动各式各样，非常复杂。但是一种振动的最基本、最典型、最简单的振动，叫简谐振动。其特征是：受到一个大小与离开平衡位置距离成正比且方向始终指向平衡位置的力。

耳朵与声音

在人的听觉器官构造中，外耳由耳郭和使耳郭同鼓膜接通的听道构成。外耳的主要功能为确定声源的方向。到目前为止还不清楚人耳耳郭的形状取决于什么原理。听道（向内略略缩小的长 2 厘米的小管）可预防内耳器官受损，同时起着谐振器的作用。人可接收的声频在 20～20 000 赫之间，但灵敏度最高的范围局限于 2 000～5 500 赫。听道谐振频率正位于这一区域，同时，声音的增强是从 5～10 分贝。

外耳听道的末端是鼓膜——在声波作用下振动的振动膜片。就是在此处，即在中耳的外界处，客观的声音转变成主观的声音。紧接鼓膜后是 3 根彼此相接的小骨：锤骨、砧骨和镫骨，振动靠这 3 块小骨传入内耳。在听神经处，振动变为电信号。锤骨、砧骨和镫骨所在的小室充满空气，并通过咽鼓管与口腔相通。咽鼓管可使鼓膜内外两侧保持相同的压力。咽鼓管通常是关闭的，只有当压力突然变化时（人做吞咽动作或打呵欠时），才开启使压力保持平衡。如果人的咽鼓管受阻，例如感冒引起的受阻，压力就失去平衡，就会感到耳疼。

在震动从鼓膜向内耳的开始部分——卵形窗传递的过程中，初级声能在中耳有"聚集"现象。这是通过以我们都知道的力学原理为基础的两种方法实现的：首先，振幅变小，但同时振动功率增强。这可用杠杆做个类比，为了保持平衡，长臂上加较小的力，短臂上加较大的力。可以根据鼓膜振幅等于氢原子的直径（10^{-8} 厘米），而锤骨、砧骨和镫骨使振幅减少 1/3，看出人耳中这一变化的精确度是多少。其次，也是最重要的，声音"聚集"程度取决于内耳鼓膜和卵形窗的直径不同。作用于鼓膜上的力等于压强和鼓膜面积的乘积。这个力通过锤骨、砧骨和镫骨作用于另一面有液体的卵形窗。卵形窗的面积是鼓膜的面积的 1/30～1/15，因此对卵形窗的压力也大 15～30 倍。此外，正如上面说过的，锤骨、砧骨和镫骨使振动功率增加 3 倍，因而，靠中耳的帮助，对卵形窗的压力超过作用于鼓膜的最初的压力几乎 90 倍。这一点很重要，因为接下去，声波是在液体中传播了。如果不增加压力，由于反射效应，声波就永远不能透入液体。

锤骨、砧骨和镫骨附生有很小的肌肉，能保护内耳在强噪声影响下不受损伤。在通常情况下，振动或多或少是直接通过这 3 块小骨传递的，但在强噪声时，在某些肌肉的作用下，镫骨旋转轴移动，减小了对卵形窗的压力。在噪声继续增加的情况下，其他的肌肉也进入工作状态，有的使鼓膜绷紧，有的局部移动镫骨。突如其来的强度很大的声音，能破坏这个防护机体，并且引起内耳的严重损伤。

听觉真正的奥秘是从卵形窗——内耳的起点开始的。在这里，声波已经是在充满耳蜗的液体（外淋巴）中传播了。这个内耳器官确实像只蜗牛，长约 3 厘米，几乎全都被隔膜分为两个部分。进入耳蜗卵形窗的声波，传到隔膜，绕过隔膜，继续向它们第一次碰到隔膜的同一地方的背面传播，最后，声波经耳蜗的圆形窗消散。

耳蜗的隔膜实际上是由基膜构成的。基膜在卵形窗附近很薄很紧，但随着向耳蜗尾部靠近的程度而变厚变松弛。第一个研究膜结构的格·贝凯西，20 世纪30 ~ 40 年代在布达佩斯工作。由于这一发现，1961 年荣获诺贝尔奖金。贝凯西研究了中耳和内耳作用的构造和机制，证明了

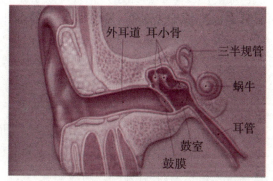

耳朵结构图

声振动在基膜表面形成的波状纹，而且已知频率的峰都在膜的完全确定的部位上。高频声在基膜绷得最紧的部位，也就是在卵形窗附近最大，而低频声则在基膜厚实松弛的耳蜗"尾部"最大。贝凯西发现的这一机制可以解释人怎么能分辨出不同频率的音调。

机械振动转变为电信号，是在医学上所谓的柯蒂器官内进行的。这个器官位于基膜上部，由纵向排成四列的 23 500 个"肥厚的"乳突组合而成。柯蒂器官的卜部是像闸板似的耳蜗覆膜。这两个器官都浸在名为内淋巴的液体中，并且同耳蜗的其他部分被前庭膜所隔开。柯蒂器官乳突中长出的纤毛，几乎穿进耳蜗覆膜的表面。柯蒂器官连同它的纤毛乳突植根其上的基膜，仿佛铰链式地悬挂在耳蜗覆膜之上。在基膜变形时，它们之间产生切向应力，使连接两片膜的纤毛弯曲。依靠这种弯曲，完成了声音的彻底转变——现在声音已变成电信号了，纤毛弯曲在相当程度上起着乳突中电化学反应的启动装置的作用。它们正是电信号源。

声音在这里的情况以及声音所具有的形式，目前仍一无所知。我们只知道，声音现在可用电运动译成电码，因为每一个纤毛乳突都"射出"电脉冲。但这种电码的性质还不为人知。由于纤毛乳突甚至在没有任何声音的时候也放射出电脉冲，因此使译码工作变得更加复杂。各国在通信领域工作的许多实验室正在研究听觉密码的解译工作。只要识破这个密码，我们就能认识主观声音的真正性质。

毫无疑问，人的耳朵仍然是个了不起的器官，它通过捕捉各种声的信息，让人们用听觉感知外部丰富多彩的世界。人耳能够的声波范围非常宽广。拿声音高低来说，从 20 赫的低音到 20 000 赫的高音，人耳都能听到。低于 20 赫的次声或高于 20 000 赫的超声，人耳是听不到的，但这对于多数人来说，倒是一件幸运的事。因为自然界中各种小动物和昆虫都在不停地发出各种嘈杂的超声，而人的心脏跳动和周围物体发生的微振，又无休止地发出次声。如果能够听到这些声音，那么人们将一刻也不得安宁的。

不同年龄的人听觉的频率范围也不一样。年轻人的耳朵比老年人灵敏得多，20 多岁的青年可以毫不费力地听到蚊子飞行时发出的 8 000 赫的嗡叫声，而 60 岁以上的老年人即使集中精力也难以听见。科学家丁达尔有一次带一位老人去逛瑞士公园，他听到公园处处充满了秋虫欢快的鸣叫声，而老人却什么也没听见，只感到周围静悄悄的。

再拿声音强弱来说，从比微风吹拂树叶还轻的细微声，到震耳欲聋的炮击声，人耳全部可以听到。为了便于比较多种声音的强弱，科学家把刚刚能够听到的最弱的声音，到耳朵所能忍受的最强的声音，分成 130 份，每份叫 1 分贝。人耳能够听到的声音强度的范围就在 0～130 分贝之间。低于 0 分贝，人耳听不见；高于 130 分贝，由于耳朵疼痛难忍也无法引起听觉。

人耳有一个特性：对于不同频率的声波，即使强度相同，听起来响度并不一样。其中人耳对 3 000～4 000 赫的声波最为敏感，它比同样强度的其他频率的声波，听起来要响得多。平日我们用录音机播放音乐时，如果把音量（声音强度）调小，常常发觉发出来的声音高音多、低音少，听起来不够丰满，这就是因为同样强度下，低音响度小的缘故。要想让录音机播放的音乐在音量降低后跟以前一样悦耳动听，就必须在调小音量的同时，重新调整音调开关，增强低音成分的强度才行。

人耳不仅有很宽的听觉范围，而且对所听到的声波有很强的分辨能力。首先，它可以从音调上把两个频率相近的声音分辨开来；声音的频率越低，这种分辨能力越强。例如，频率为3 000赫和3 009赫这两个音，虽然频率差只有9赫，人耳也能辨听出它们的高低来；而对于频率为100赫的音，可以分辨得出的最小频率差就更小，只要有3赫的变化，人耳便分辨出它们的不同了。人耳对400赫左右的声音分辨能力最强，甚至频率为400赫和401赫这两个音，人耳分辨得也很清楚。

其次，人耳对声音强度的变化也有灵敏的分辨力，这种分辨力随强度和频率的不同而有所不同。例如，频率为35赫和1 000赫的两个声音，强度同样为5分贝，前者强度必须增加9分贝时，人耳才能听出其变化，而后者只要增加3分贝，人耳便可觉察出变化来了。

至于人耳对于不同音色的声音的分辨，则是人所共知的了。

人耳对声音的分辨能力并不是人人都一样，不同人之间常常差别很大。有经验的养蜂人，根据蜜蜂嗡叫声的不同，他可以知道它们是飞出去采蜜还是采好蜜回蜂房；而一位优秀的音乐指挥家，可以从庞大的乐队演奏中，听出某种乐器奏出的一个不和谐的音符。这些人对声音的分辨能力是常人所不及的。

耳　蜗

　　耳蜗是内耳的一个解剖结构，它和前庭迷路一起组成内耳骨迷路，是传导并感受声波的结构。耳蜗的名称来源于其形状与蜗牛壳的相似性，耳蜗的英文名Cochlea，即是拉丁语中"蜗牛壳"的意思。耳蜗是外周听觉系统的组成部分。其核心部分为柯蒂器，是听觉转导器官，负责将来自中耳的声音信号转换为相应的神经电信号，交送大脑的中枢听觉系统接受进一步处理，最终实现听觉知觉。耳蜗的病变和多种听觉障碍密切相关。

延伸阅读

月宫为何静悄悄

　　这是由于我们平日听到的各种声音，是靠空气来传播的；如果没有了空气，声音也就消失了。月球上由于没有空气，人们自然也就听不到任何声音。

　　那么，空气是怎样传播声音的呢？原来发声物体振动时，紧贴着它的空气层因受扰动也跟着振动起来；近处空气层的振动，又会带动远处空气层的振动，远处空气层的振动还会带动更远层空气的振动。这样，正像一处水面振动会荡起环环水波一样，发声体的振动就会在空气中激起层层的声波。当传播的声波进入人耳后，带动了鼓膜的振动，鼓膜的振动刺激听觉神经并传达到大脑，于是人们就产生了声音的感觉，这就是平日人们所说的"听到了声音"。假如物体周围没有空气，即使它在不停地振动着，由于无法产生声波传入人耳，人们也就无从听到声音了。

声音的传播介质

　　声音是通过空气、液体和固体等介质进行传播的，关于三者的传播速度，不妨先做个实验来说明：

　　一个同学在自来水龙头上敲一下，另一个同学靠在远处的自来水龙头上听，如果两个龙头相隔足够远，并且都在空旷的地方，他会听到"三响"。

　　一敲三响的道理很简单：第一个响声是自来水管子传送来的，声波在金属里跑得最快；第二个响声是自来水管里的水送来的，声波在水中跑得不算慢；第三个响声是空气送来的，它跑得最慢，也最微弱。如果两位同学相距不太远，也可能只听到两响，第一响和第二响的时间间隔太短，人的耳朵分辨不出来。

　　这个实验证明，声波在不同介质里的速度是不同的，声波在不同介质里传播时衰减的情况也是不同的。

人们又经过反复测试，发现水中声速还受温度影响。海水里含有盐类，含盐的多少也对声速有影响。在各种因素中，温度对声速影响最大，每升高1℃，水中声速大约增大4.6米/秒。一般认为海水中的声速是1 500米/秒，约是大气中声速的4.5倍。

科学家们还测出了各种液体里的声速。在20℃时，纯水中的声速是1 482.9米/秒；水银中的声速是1 451米/秒；甘油中的声速是1 923米/秒；酒精中的声速是1 168米/秒，四氯化碳液体中的声速是935米/秒。由此可见，声音在液体中传播的速度大都比在大气中传播快许多，这和液体中的分子比较紧密有关。

固体中的声速也各不相同，经过反复测定发现，声波在固体中用纵波和横波两种形式传播，这两种波的波速也不相同。例如，在不锈钢中，纵波速度是5 790米/秒，横波速度是3 100米/秒。把不锈钢做成棒状，棒内的纵波速度是5 000米/秒。在金属中，铍是传声的能手，在用铍做的棒内，声波的纵波速度达到12 890米/秒，是大气声速的38倍。聚乙烯塑料传声本领较差，聚乙烯棒中的纵波速度只有920米/秒，不及水中声速快。软橡胶富有弹性，声波在里边走不动，速度只有30~50米/秒，还不及空气中的声速呢！

关于声波是怎样在固体里传播的，我们还可以通过下面这个小实验来说明。

找一段线，在线中间拴上一面小镜子，线的一端拴在椅子背框上（或者由一位同学拉住），线的另一端穿在一个较大的纸盒子上。拿住纸盒子，把线绷紧，让阳光照到镜子上，镜子的反射光线映到墙上。线绷紧之后，镜子稳定下来了，它反射出来的光斑也就不再晃动了。敲一下纸盒，纸盒发出了声响，与此同时你会看到，镜子反射出的光斑晃动了，它上下左右地摇晃着。

这个实验说明，声波在线里传播时，出现了比较复杂的情况：拴着镜子的那一点既有上下振动（与声的传播方向垂直），又有前后振动（与声波的传播方向一致）。

我们再看一看长纸板传声的情况：

找一块长纸板（或长些的木板），在纸板上放几块小纸屑或瓜子皮。敲纸板的一端，另一端听到了声音。同时观察小纸屑或瓜子皮，它们上下前后胡乱地移动着位置。

这个实验说明，固体表面传播声波时，也出现了复杂的情况。

1885年著名的英国物理学家瑞利在理论上指出：声波在固体表面传播时，

会出现一种奇妙的表面声波。表面声波是在固体表面（即两种介质的交界面）上传播的声波，它既不同于横波也不同于纵波，而是两者的合成。1900 年英国地震学家根据地震仪获得的记录，证实地震时地表面确实存在这种奇异的波，并且把它命名为瑞利波。表面声波有许多种，瑞利波只是表面声波的一种模式。

至于声音是怎样在水中传播的，就更为复杂而有趣了，下面详细说说。

1927 年秋天，年仅 24 岁的瑞士物理学家科拉顿和 25 岁的法国数学家斯特姆，在瑞士日内瓦湖上进行了一次有趣的实验：测量水中的声速。他们在湖中相距 13 847 米远的地方，停泊了两只木船，一只船下吊着一口大钟，另一只船下安置一个听音器。当前一只船敲响水中大钟的同时，点燃船上的火药发出闪亮的火光，另一只船测定从看见火光到听到钟声所需的时间，这样便可算出水中的声速。

经过反复实验，第二只船从看见火光到听到钟声平均需要 9.5 秒钟。由于火光传播得极快，它从第一只船传到第二只船所用的时间可以忽略不计，所以声音在水中通过两船间的距离所用的时间就是 9.5 秒钟，由此算出水中的声速是每秒钟 1 457 米。

这个结果是令人吃惊的，它表明声音不仅可以在水中传播，而且传播十分快，它差不多要比声音在空气中快 4 倍。难怪人们在公园的湖边观鱼时，若远处有人向湖边走来，观鱼的人们还没有听见来人的脚步声，鱼儿却早就闻声游远了。

科学家进一步实验还发现，声音在水中不仅比空气中传得快，而且传得远。一个人在寂静的广场上大声呼喊，最多也只能传播几十米远，再远就听不见了。即使一枚炸弹在空气中爆炸，它的爆炸声最远也不会超过几千米。可是一口半吨重的大钟在水中响着的时候，在 35 千米远处还能听到钟声。

水的良好的传声本领，很早就获得了广泛的应用。在古代，我国福建沿海渔民出海捕鱼时，常常把一根 6 厘米粗、2 米长的竹筒插入水中，然后把耳朵贴在竹筒的上端。用这种方法可以探听到鱼群的动向。在现代船只上，都装有特殊的听音器。它们利用水的传声本领，探听远处船只或水下潜水艇的动静，或者在大雾天用来听取灯塔的钟在海水里传来的声音信号。

说到这里，我们可能会产生这样一个疑问：为什么声音在水中传播的速度比在空气中快呢？

原来，声音的传播速度跟介质的性质有密切的关系。声音传播过程中，介质分子依次在自己的平衡位置附近振动，某个分子偏离平衡位置时，周围其他分子就要把它拉回到平衡位置上来，也就是说，介质分子具有一种反抗偏离平衡位置的本领。空气和水都是声音传播的介质，不同的介质分子，反抗本领不同。反抗本领大的介质，传递振动的本领也大，传递声音的速度就快。水分子的反抗本领比空气分子的大，所以，声音在水中的传播速度比在空气中大。铁原子的反抗本领比水分子还要大，所以，声音在钢铁中传播速度更大，达到5 050米/秒。

几十年前，美国拉蒙特地质实验室的科学家在南澳大利亚沿海时，向海洋中投掷了一枚深水炸弹，结果发现，爆炸产生的声波，3个多小时后传到了北美洲的百慕大群岛，行程达19 200千米。这个实验证实了声波在海水中传播的速度是很快的，达到了每小时5 000多千米，也就是每秒钟1 500米左右。但是，声波在海洋中为什么能传播这样远的距离，当时却没有人能说清楚。这个问题一直到后来人们发现了水下声道后，才得到了圆满的解释。

那么，什么是水下声道？它是怎样形成的呢？

大家知道，水是一种很好的传声物质，尤其是海水，传声本领更强。声波在海水中的传播速度的大小，跟温度和压力密切相关。温度高，声速就大；温度低，声速就小。同样，压力大，声速也大；压力小，声速也小。由于海洋中各处的温度和压力不同，所以声波在海洋中各处的传播速度实际上是不同的。科学家早就探明，海洋中海水的温度是从海平面向下随着深度的增加逐渐降低的，在到达一定温度后才不再变化；但随着深度的继续增加，压力却越来越大。这样，当声波在海洋中传播时，它的传播速度在不同深度的层面上也就有所不同，并且这种变化呈现出一种规律：从海平面向下随着温度的不断降低，速度逐渐在减小；然后又随着压力的不断增加，速度在逐渐加大。很显然，在海洋中有一层海面，声波在那里的传播速度最小，我们把它叫做声道轴面。

现在设想有一枚炸弹在海水中爆炸，我们来看一下它所产生的声波是怎样向前传播

水下声波探测船

的。假定炸弹爆炸地点在海洋上部，由于那里上层水温高，声速大，越往下水温越低，声速也越小。所以根据声波弯射原理，它的传播路线要向前下方弯曲。当声波越过声道轴面一进入海洋下部，情况便发生了变化。由于这里上层压力小，声速也小，而越往下压力越大，声速也就越大，所以声波的传播路线变成了向前上方弯曲。当声波越过声道轴面再进入上部海面，它又要向前下方弯曲。如此反反复复，声波就像扭秧歌一样，沿着声道轴面上下弯弯曲曲地前进。科学家把海洋深处这条传播声波的宽广大道，叫做水下声道。实验观测表明，声波在水下声道中传播时，就像在管道中传播一样，能量损耗最小，因而传播得最远。大洋中的水下声道，大约在海面下几百米到1000米的深处。

水下声道被发现后，人们很快为它派到了用场。假如，当远航的船只出现事故时，可以通过向深海中投掷炸药作为呼救信号，设在水下声道的测声站接到爆炸产生的声波后，便可采取措施组织营救。目前，科学家还利用设在不同方位的水下声道测声站，准确地确定导弹或宇宙飞船溅落海面的位置。

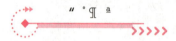

地震仪

地震仪是一种监视地震的发生，记录地震相关参数的仪器。我国东汉时代的科学家张衡，在公元132年就制成了世界上最早的"地震仪"——候风地动仪。由于这台地动仪只是记录了地震的大致方向，而非记录地震波，所以相当于是验震器，而非真正意义上的地震仪。第一台真正意义上的地震仪由意大利科学家卢伊吉·帕尔米里于1855年发明，它具有复杂的机械系统。这台机器使用装满水银的圆管并且装有电磁装置。当震动使水银发生晃动时，电磁装置会触发一个内设的记录地壳移动的设备，粗略地显示出地震发生的时间和强度。而第一台精确的地震仪，于1880年由英国地理学家约翰·米尔恩在日本发明，他也被誉为"地震仪之父"。

延伸阅读

ZIRAN DE YUNLV

葛利克的实验

300 多年前，德国科学家葛利克做过一个实验：他把钟放在一个接有抽气机的玻璃罩里，然后把罩里的空气慢慢抽出来。这时，钟摆的嘀嗒声逐渐减弱，最后几乎听不到了。葛利克又把空气放进罩子里，人们又听到了钟摆的嘀嗒声。

现在，我们用奶瓶做一个类似的实验。从奶瓶的盖子中穿进一根细铁丝，头上弯个小圈，套两块小铁片或铃铛。摇一摇瓶子，听，里边的铁片或铃铛"唱歌"了。

点燃一些小纸片，放到瓶子里，趁着火还没有熄灭时快把盖子盖紧，别让铁片（或铃铛）和瓶子相接触。等火熄灭以后，再摇一摇瓶子，仔细听，铁片或铃铛的响声比原来小了。

这个实验近似地说明了葛利克实验的原理。由于纸的燃烧，瓶子里的空气受热膨胀溢出一部分，空气减少了，声音传播受到了影响。葛利克实验充分证明，声音只有通过某种物质才能传播出去。

双耳效应与声的掩蔽

古时候有一个人，天生一只耳朵，并且长在头顶上。有一次，他住的楼下失了火，众人齐声喊他，但他硬是坐着不动，最后被活活烧死。死后阎王爷问他："失火时大家都在喊你，你为什么不快下楼逃命呢？"他说："我这个人就是只听上面的，下面的声音我是听不到的呀！"

这自然是一则笑话，它讽刺了那些只知按上级主子的意志办事，而不能倾听下边群众呼声的当官做老爷的人。换一个角度，如果我们不去考虑故事的"弦外之音"，单从故事内容上讲，那个人之所以遭受火焚的厄运，还是因为他的听觉有着严重缺陷的缘故。

正常的人都长着两只耳朵，并且长在头部的两侧，这不仅仅是为了对称好看，更重要的是它满足了人们听觉上的需要。

为了说明人的双耳的作用，让我们来做一个实验：把一个人的眼睛蒙住，然后在他的左前方或右前方不同位置上，晃响一只小铃，这时他会迅速而正确地指出小铃所在的方向和远近；可是当你在他正前方或正后方晃铃时，他却真的成了"瞎子"，乱指、乱说一气了。这是怎么回事呢？我们知道，声波在空气中传播是有一定速度的，因此它从发声体发出到传进人的耳朵里，需要一定的时间。当发声体位于人体的一侧时，它所发出的声波进入人的两耳就有先有后，响度也有强有弱；发声体离开双耳越远，这种差别越为明显。两耳听觉上产生的这种微小的时间差和响度差，反映到人的大脑里，就使人有可能判断声波传来的方位。例如，当声波从人体左侧某位置传来时，它先到达左耳，尔后到达右耳，而且左耳听到的声音要比右耳强一些，这时人的大脑就会作出"声音从左方传来"的判断。实验观测表明，当左耳听到的声音比右耳早十万分之三秒时，人能判断出"这声音是由偏于左侧 3 度到 4 度的方向传来的"；当左耳比右耳早听到声音万分之六秒时，人的判断是"这声音是以正左面传来的"。人的双耳分辨声音方位的这种功能，称为双耳效应。当然，人的双耳判断声音方位的能力也是有一定限度的。例如，当发声体位于人体的正前方或正后方时，由于它发出的声波同时到达双耳，并且响度也一样，这时人就很难分辨声波的方向和远近了。在这种情况下，如果你要弄清声波的来源，那就只有扭转脖子"侧耳倾听"了。

由于双耳效应，人们对不同空间位置的声音产生了方位和强弱的不同感觉，因此对周围各种声音感觉的综合，便会形成声音的"立体感"。用普通录音机放出来的音乐，因为录制时只使用了一个话筒，放音时也只用一个喇叭，因此我们听起来只是从一个方向传来的各种乐器的混合声。由这种双声道录音机发出的声音就是我们通常所说的"立体声"。为了获得立体感的乐声，现在的录音机都采用双声道录音，就是用两个话筒从左右两个位置把声音分别录在同一条磁带上；放音的时候，用两个喇叭分别放出两个声道录下的声音。这时听起来就如同置身于音乐厅里一样，对舞台上各个乐器的不同位置、所发声音的轻重、高低等，分辨得清清楚楚，因而有着丰满的立体感。

在古希腊曾流传着这样一个神话故事：宇宙之神克鲁纳士，有一个吞食自己孩子的怪癖。所以克鲁纳士的妻子在生下最后一个孩子宙斯以后，生怕他再遭厄运，就偷偷把他藏在克里特岛的洞中，而把石块包在襁褓中让克鲁纳士吃掉了。为了避免小宙斯被发现，每当他在洞中哭叫时，守卫在洞口的卫士们就用石头敲击盾牌发出的巨响来压倒婴儿的哭声。就这样，小宙斯生存下来了。

婴儿的哭声

在上面的故事中，卫士们为了保护小宙斯，用一种强的声音去遮盖另一种弱的声音，这在科学上叫声的掩蔽。声的掩蔽是一种和听觉器官相关联的现象，在日常生活中经常会遇到。例如，在工厂的车间里，各种机器的混响淹没了人们的谈话；收听质量差的收音机，刺耳的杂音干扰了电台播放的音乐；拥挤的市场里，人群的喧哗掩盖了商家的叫卖声等等，都属于声的掩蔽现象。

要想用一种声音去掩盖住另一种声音，掩蔽声必须具有足够的强度才行，否则就很难达到预期的效果。正因为如此，所以在人声嘈杂的场合讲话或演唱时，应当加设扩音设备，把声音扩得越响，掩蔽效果越好。

除此之外，掩蔽效应还跟掩蔽声的频率有关。实验表明，掩蔽声的频率比被掩蔽声的频率低，掩蔽效果就强，反之，效果就差。例如在剧场或歌舞厅里，若舞台上演出的是女声歌唱或轻音乐，即使声音较响，台下观众依然可以轻声交谈而不被掩蔽；可是当台上演出带有打击乐的音乐节目时，台下观众相互交谈就比较困难了。特别是，当掩蔽声的频率同被掩蔽声的频率相同或相近时，声的掩蔽效果将会十分显著。在广场或礼堂听报告时，台下的喧哗声常常使人听不清甚至听不见台上的讲话声，就是这个缘故。

在人类生活的环境中，总是存在着各种各样嘈杂的声音。在这样背景条件下，由于声的掩蔽现象的存在，给人们接收某些有用的声音带来了困难。幸好我们的耳朵有很强的选择性，它像一个滤波器一样，可以把那些与我们无用的声音频率成分给滤掉了，而把人们需要听的声音频率成分给留下了，这就使得我们能够听到这些声音。例如，一个人，他可以对窗外哗啦啦的雨声"充耳不闻"，却可以集中精力听清他对面朋友的谈话；一个孩子的母亲，她对托儿所里几十个孩子的哇哇叫声"置若罔闻"，却独独听见了自己孩子的哭声。

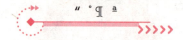

磁　　带

　　磁带是一种用于记录声音、图像、数字或其他信号的载有磁层的带状材料，是产量最大和用途最广的一种磁记录材料。通常是在塑料薄膜带基（支持体）上涂覆一层颗粒状磁性材料或蒸发沉积上一层磁性氧化物或合金薄膜而成。最早曾使用纸和赛璐珞等做带基，现在主要用强度高、稳定性好和不易变形的聚酯薄膜。

延伸阅读

声音处理软件

　　声音处理软件是一类对音频进行混音、录制、音量增益、高潮截取、男女变声、节奏快慢调节、声音淡入淡出处理的多媒体音频处理软件。声音处理软件的主要功能，在于实现音频的二次编辑，达到改变音乐风格、多音频混合编辑的目的。

　　声音处理的常见制作是对音频的高潮部分进行截取，因此支持对音频按时间裁剪，是声音处理软件的基本特征。支持将音乐保存为常见数字音频格式，是声音处理软件的另一个基本特征。同时，一款优秀的声音处理软件，需要具有优秀的音频采集能力，以保存为具有更好音质，更小体积的数字音频格式。打造独特音乐风格，是声音处理软件的高级扩展功能。

超声和次声

人生活在声波的世界里。说话声、唱歌声、音乐声、行车声、嘈杂声……其实，人能听到的仅是声波的一部分。实验表明，人仅能听到频率在 20 ~ 20 000 赫以内的声波。这个范围内的声波叫可闻声波。低于 20 赫的叫次声波，高于 20 000 赫的叫超声波。次声波和超声波是人听不见的。可闻声主要应用于语言交流和音乐等。超声波波长短，对液体和固体有较强的穿透能力，可用来对机械零件探伤、诊断人体内脏器官病变、粉碎肾结石，还可用来清洗机械、仪器零件等。次声波波长长，绕射能力强，不易被水、空气和一般障碍阻挡吸收。地震、核爆炸产生的次声可绕地球传播两三圈。因此次声可用来探测高空气象、侦察核爆炸、预测地震等。

19 世纪时，德国科学家克拉尼通过实验得出：2 万赫是人耳所能听到的声波的上限。后来人们就把这种超过 2 万赫的人耳不能听到的声波叫做超声波。

超声波有两个很重要的特性：第一是它的定向性。由于超声波的频率很高，所以波长很短，因此它可以像光那样沿直线传播，而不像那些波长较长的声波会绕过物体前进。超声波碰到障碍物就会被反射回来，通过接收和分析反射波，就可以测定障碍物的方向和距离。在自然界里，蝙蝠就是用口器发出超声波，用耳朵接收反射波来辨别障碍物的，因此它在漆黑的岩洞里能够飞翔自如，还能准确无误地捕捉到小飞虫呢！

超声波的第二个特点是它在水里能传播很远的距离。在空气中，3 万赫的超声波前进 24 米，强度就减弱过半；而在水里，它前进 44 千米强度才减弱一半，大约是空气中传播距离的 1 800 倍。由于光和其他电磁波在水里步履维艰，走不了多远，因此超声波便成了探测水中物体的首选工具了。

第一次世界大战的时候，德国潜水艇凭借浩瀚的海洋作掩护，频频袭击英国和法国的巡洋舰。此时，法国科学家郎之万心急如焚，他经过苦心钻研，发明了一种叫声呐的仪器。声呐由超声波发生器和接收器两部分组成。发声器主动发出超声波，接收器接收并测量各种回声，通过计算发出和收到信号的时间间隔来发现各种目标。精密的主动声呐不仅能够确定目标的位置、形状，甚至还能分析出敌潜艇的许多性能呢。

在和平年代里，声呐还被用来探测鱼群、测定暗礁、港口导航等。用现代的侧扫声呐来考察海底的情况，它能清晰地把海底地貌描绘到图纸上，画出精确的"地貌声图"，误差不超过20厘米。

同样的道理，把超声波送入人体，产生的反射波经过电子设备的处理，会在荧光屏上显示出清晰的图像，把人体内脏的大小、位置、彼此间的关系和生理状况反映得清清楚楚。大家熟悉的医院里常做的B超检查，就是用B型超声波来检查肝、胆、胰以及子宫、盆腔、卵巢等重要内脏器官，及时发现其中的结石、肿瘤等病变。利用超声波，医生还能对怀孕妇女腹中的胎儿状态进行检查。

超声波检测的原理应用到工程上，就是超声探伤。只要向工件发射一束超声波，遇到工件内隐藏的裂纹、砂眼、气泡等，超声波就会发生不正常的反射波，再小的缺陷也逃不过它的检测。超声波成了工程师明亮的"眼睛"。

由于次声的频率很低，所以大气对次声波的吸收系数很小，因而其穿透力极强，可传播至极远处而能量衰减很小。10赫以下的次声波可以跨山越洋，传播数千千米以远。1883年夏季，印度尼西亚苏门答腊和爪哇之间的喀拉喀托火山发生了一次震惊全球的火山爆发，产生的次声波曾绕地球转了3圈，历时108小时。1986年1月29日0时38分，美国航天飞机"挑战者"号升空爆炸，产生的次声波历时12小时53分钟。通常的隔音吸音方法对次声波的特强穿透力作用极微，而7赫兹的次声波用一堵厚墙也挡不住，次声波可以穿透十几米厚的钢筋混凝土。

由于人体各部位都存在细微而有节奏的脉动，这种脉动频率一般为2～16赫，如内脏为4～6赫，头部为8～12赫等。人体的这些固有频率正好在次声波的频率范围内，一旦大功率的次声波作用于人体，就会引起人体强烈的共振，从而造成极大的伤害。

早在第一次世界大战时期，德军出动了一艘军舰在海上巡逻，基本上，一巡逻就是几周，但有一次，意外发生，在基地与他们通话的时候，没有任何人来接听与回答，这引起了基地的担心，于是又派出了几十艘小潜艇去探究，当他们到达军舰巡逻的海域时，发现海上风平浪静，他们登上军舰后，发现了官兵们的尸体，一个个都倒在甲板上，他们脸上的表情极其痛苦，但是身上又没有任何的伤痕，于是将尸体带回去解剖，发现了体内的内脏全部破裂。几十年之后物理学家发现了真正的元凶其实是次声波，当日事发时海底发生了强烈的地震，但是由于人耳的听觉范围在20赫～20 000赫，所以听不见地震所产生的次声波，又由于次声波的破坏力极大，将官兵们的内脏震碎而死。

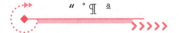

喀拉喀托火山

喀拉喀托火山是一座活火山，在历史上持续不断地喷发，最著名的一次是 1883 年等级为 VEI-6 的大爆发，释放出 250 亿立方米的物质，其强大的爆炸力，据专家估计相当于投掷在日本广岛的原子弹的 100 万倍。其爆发产生的轰鸣声，使远在 3 000 千米以外的澳大利亚也听到了。这次大爆炸使原喀拉喀托火山在水上的 45 平方千米土地，约有 2/3 陷落到了水下。这次爆发还引起了强烈的地震和海啸，海啸激起的狂浪高达 20～40 米，超过 10 层楼高，致使海水侵入到爪哇和苏门答腊岛的内地，摧毁了 295 个村镇，夺去了约 50 000 人的生命。新的火山活动自 1927 年又产生了一个不断成长的火山岛。

延伸阅读

超声波塑料焊接的方法

①熔接法：超声波振动随焊头将超声波传导至焊件，由于两焊件处声阻大，因此产生局部高温，使焊件交界面熔化。在一定压力下，使两焊件达到美观、快速、坚固的熔接效果。②埋植（插）法：螺母或其他金属欲插入塑料工件，首先将超声波传至金属，经高速振动，使金属物直接埋入成型塑胶内，同时将塑胶熔化，其固化后完成埋插。③铆接法：欲将金属和塑料或两块性质不同的塑料接合起来，可利用超声波铆接法，使焊件不易脆化、美观、坚固。④点焊法：利用小型焊头将两件大型塑料制品分点焊接，或整排齿状的焊头直接压于两件塑料工件上，从而达到点焊的效果。⑤成型法：利用超声波将塑料工件瞬间熔化成型，当塑料凝固时可使金属或其他材质的塑料牢固。⑥切除法：利用焊头及底座的特别设计方式，当塑料工件刚射出时，直接压于塑料的枝干上，通过超声波传导达到切除的效果。

多普勒效应

多普勒是 19 世纪奥地利著名物理学家。1842 年，他发现了一种奇妙的现象：如果一个发声物体相对人们发生运动，那么人们听到的声音的音调就会和静止时不同：接近时音调升高，远离时音调降低。这种现象后人管它叫多普勒效应。

多普勒效应在我们日常生活中不难观察到。前面讲到的当一列火车鸣着汽笛从我们身边飞驰而过的时候，大家都会有一个明显的感觉：列车由远而近，笛声越来越尖；列车由近而远，笛声又逐渐低沉下去。这就是一种多普勒效应。在战场上，当空中炮弹飞来时，人们听到炮弹飞行的声音音调逐渐变高；而当炮弹掠过头顶飞过去以后，炮弹飞行的声音音调就渐渐降低。这也是一种多普勒效应。

多普勒效应的产生并不奇怪。我们说过，人耳听到的声音的音调，是由声源（即振动物体）的振动频率决定的。这是就声源相对人静止不动的情况而言的。这时，声源每秒钟振动多少次，它每秒钟就发出多少个声波，当然人耳就接收到多少个声波，人耳鼓膜的振动频率与声源的振动频率相同。可是，当声源相对人运动时，情况就不同了。如果声源以某种速度向人靠近，这时声源每秒钟的振动次数（即频率）仍不变，它每秒钟发出的声波个数也不变，但因波源与人的距离逐渐缩短，波与波之间挤在了一起，因此，每秒钟传进人耳的声波个数却增加了，即人耳鼓膜的振动频率增大了，所以听到的声音音调就要提高了。反之，声源若以某种速度离人而去，则人耳每秒钟接收到的声波个数就会减少，所以听到的声音音调自然就要降低了。这就是多普勒效应产生的原因。声源的运动速度越大，它所产生的多普勒效应也就越显著。有经验的铁路工人，根据火车汽笛音调的变化，能够知道火车运动的快慢和方向；久经沙场的老兵，在战场上根据炮弹飞行时音调的变化，能够判断其危险性。他们实际上就是应用了多普勒效应。

从以上分析我们还可看出，多普勒效应的实

多普勒胎心仪

质，就是观测者（人或仪器）所接收的声波的频率，随着声源的运动而改变：静止时，它等于声源的频率；运动时，要高于或低于声源的频率；运动速度越大，这种变化也就越大。很显然，由于声源运动所带来的观测者接收的声波频率的变化，也就为人们研究声源的运动提供了依据。正是利用这一点，科学家为多普勒效应找到了广泛的用武之地。例如，现代舰艇为了探索水下目标（潜水艇、暗礁等），都安装了回声探测仪器，通过向水下发射声波信号和接收从目标反射回来的回声信号来确定目标的存在及其距离。如果在探测仪器上再加装上一套装置，用来检测回声频率的变化，就能知道目标是否运动以及如何运动；并且根据频率变化的大小，还能推算出目标运动的速度。又如，医学上近年出现了利用多普勒效应的诊断仪器，它通过声波在体内运动器官（如心脏等）反射回来的回声频率的改变来探测人体内脏器官因病变引起的运动异常情况。

其实，自然界中不仅声波在传播中能产生多普勒效应，其他形式的波在传播中也存在多普勒效应。例如，天文学家很早就发现，从遥远的星球发来的光波的频率，都小于地球上静止的同种光源的频率，却一直得不到科学的解释。后来人们通过深入研究才知道，这是由于星球运动产生的光波多普勒效应造成的。它表明宇宙间的一切星体都在远离地球而去，即所谓"宇宙在不断地膨胀"。人们根据星球频率改变量的大小，还推算出了星球远离地球时的运动速度。此外，人造地球卫星在天空中的运动速度，也是利用多普勒效应测出来的。

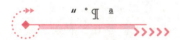

多 普 勒

多普勒（1803—1853）是奥地利物理学家、数学家和天文学家，他1829年在维也纳大学学习结束后，被任命为高等数学和力学教授助理，他在4年期间发表了4篇数学论文。之后又当过工厂的会计员，然后到了布拉格一所技术中学任教，同时任布拉格理工学院的兼职讲师。到了1841年，他才正式成为理工学院的数学教授。多普勒是一位严谨的老师。他曾经被学

生投诉考试过于严厉而被学校调查。繁重的教务和沉重的压力使多普勒的健康每况愈下，但他的科学成就使他闻名于世。1850年，他被委任为维也纳大学物理学院的第一任院长，可是在三年后1853年3月17日，他在意大利的威尼斯去世，未满50岁。

捣鬼的声速

学校运动会的入场式正在进行。在军乐队的带领下，一支浩浩荡荡的运动员队伍，迈着矫健的步伐，进入体育场。这时，一个奇怪的现象出现了：尽管运动员们都是按照军乐队的鼓点迈着步子，可是大家的步伐并不整齐；有的迈左腿，有的迈右腿，有的腿脚正抬得很高，有的却已落下，各式各样，看起来非常零乱。是什么原因使运动员的步伐走不整齐呢？是事先没有操练好吗？不是，是"声速"在"捣鬼"。

原来，声音在空气中传播是需要时间的。科学家经过精密的测量知道，声音在空气中每秒钟大约传340米。用句科学术语说，就是空气中的"声速"为每秒钟340米。当运动员队伍按照领头的军乐队的鼓点迈步前进时，由于同一声鼓点传到前后队员耳中的时间不同，因此他们起落的脚步也就有先有后，这样队伍的步伐就不会一致了。人走路时每前进一步大约需要0.5秒钟，而鼓点声在0.5秒钟内要传170米。所以，当某一队员听到某声鼓点迈出左腿时，在他身后170米远的另一队员0.5秒钟后才会听到这声鼓点迈出左腿，而此时前一队员已经开始迈右腿了，恰好差了一步。

聚焦现象与衍射现象

在意大利西西里岛上，有一个著名的采石窟，窟内呈圆拱状，像一只斜放的鸡蛋壳。出入口开在离窟底40米的高处，通过一段不长的通道，人们可以进入窟内。有意思的是，当人们站在通道上某个位置的时候，可以清晰地听到来自窟底微弱的声音，甚至撕裂一片布帛，听起来也十分响亮。据说古代叙拉古的暴君带奥尼歇斯，就曾把反对他的政治犯囚禁在这个石窟的窟底，并派人潜伏在通道的某个地方，窃听犯人们私下的谈话，因此后人就把这个石窟起名为"带奥尼歇斯的耳朵"。

那么，"带奥尼歇斯的耳朵"的奥秘在哪里呢？我们说过，声音在传播的过程中，如果碰到障碍物它就会发生反射。在石窟内，因周围都是坚硬的石壁，因此物体发出的声音会从四面八方反射回来。由于石窟表面的特殊形状，这些来自四面八方的声音都集中在了某一小区域内，这样，在这位置或区域内的声音就变得特别响亮，这种现象叫做声音的聚焦。

为了进一步了解声音的聚焦，我们自己不妨做这样一个实验：打开一把雨伞，把表悬挂在伞内靠近伞顶的柄上，然后将伞架在肩上。这时表虽然离开耳朵较远，但表的走动声仍清晰可闻。我们听到的表声，就是通过伞面聚焦后传进耳朵中去的。

其实，声音的聚焦现象在生活中处处可见。我们在拱形隧道或石桥的桥洞下讲话时，感到声音格外洪亮，就是声音聚焦的结果。不少动物在野外或夜晚，常常把耳朵竖起来，并不停地转动，就是利用它们耳郭对声音的聚焦作用来捕捉周围微弱的声音信息。人在听不清远处传来声音的时候，有意无意地把双手拱在耳后，也是为了增强耳郭对声音的聚焦效果。

雨　伞

人类很早就观察到了声音的聚焦现象，并巧妙地把它应用在实际中。据说古时候一队人马兵败后，被敌军逼进了一座高山的隘口之中，眼看就要全军覆没，情势非常紧急。就在这时，他们发现部队所在山口的背后是一个喇叭筒状的山谷。于是他们经过密谋，决定趁夜晚天黑时，一面在山谷中燃火鸣炮，一面齐声呐喊向外突围。结果，由于山谷对声音的聚焦造成的"虚张声势"无异于千军万马，敌军以为对方大队援军到来，因此匆匆撤军后退。就这样，这队人马绝处逢生，安然脱离虎口了。

据《史记·项羽本纪》记载，汉五年（前202）十二月，西楚霸王项羽被汉王刘邦打败之后，被困在垓下（今安徽灵璧县东南）城内。夜晚，忽然从

城外传来众人齐唱的楚地民歌。项羽闻之大惊，以为汉军全部占领了楚国，自己已经四面受敌，走投无路，于是率兵突围，最后自刎于乌江。这就是历史上有名的"四面楚歌"的故事。

上面的故事大家是熟悉的，可是你有没有想到过这样一个问题：高大坚实的垓下城墙，能够阻挡住汉军的千军万马，为什么它却不能挡住城外的歌声呢？这歌声又是怎样传到城内让城下人们听到的呢？

问题的答案是显而易见的：城外的歌声是绝不会从城墙中穿透过去，它只能是从城墙上方绕过城头传播过去的。声波这种绕过障碍物传播的特性，叫做声的衍射。

声波发生衍射是有条件的。为了说明这一点，我们先来看一个水波的例子：把一个石子投入湖中，水面上便会荡起环环碧波。水波在传播过程中，如果遇到一根漂浮的长木条，水波便会被阻挡住，而在木条后面形成一块没有水波到达的"阴影区"。可是当水波遇到一根细木桩时，它却能绕过木桩，到达它后面的任何地点，"阴影"消失。可见，水波的衍射是和障碍物的大小有关的。

同样，声波发生衍射也和障碍物的大小有关。当声波在传播过程中遇到大的障碍物（如高耸的楼房）时，它就会受到阻挡，而在障碍物的后面形成"阴影"，人们在"阴影"里是听不到声音的。如果障碍物较小，情况就不同了，声波可以绕到障碍物后面的"阴影"区域中去，而被人们收听到。

那么，障碍物的"大"或"小"，又如何区分呢？科学家为它找了个尺度，这就是声波的波长。所谓"波长"，就是声源每振动一次，它所产生的声波向前传播的距离。我们平常听到的声音的波长，因声音频率的不同而不同，一般在几米到十几米之间。凡尺寸远大于声波波长的障碍物，就被认为是大障碍物，否则就被视为小障碍物。

由于声波的波长比较长，可以和一般障碍物的尺寸相比拟，所以在日常生活中很容易观察到声波的衍射现象。例如，人们隔墙可以听到墙外面的声音，站在圆柱后面的人，可以听清对方的讲话等，都是由于声音的衍射造成的。

其实，声波在传播过程中，不仅遇到较小障碍物时能够产生衍射，就是遇到口径与声波波长接近或者更小的孔洞时，也会产生衍射。我们开着窗子可以听到邻室发出的声音，人们通过门上钥匙孔或狭缝，可以在门外听到室内谈话的声音等，就是常见的例子。人在讲话时，由于嗓音的波长比嘴巴大，因此他所发出的声波就会产生衍射，结果这声音不只是传向前方，也传向其他方向。

这就是为什么一个人讲话时，我们无论站在他的对面、身旁甚至身后，都能够听清楚他讲话的声音的原因。

项　羽

项羽（前232至前202）名籍，字羽，通常被称作项羽，下相（今江苏宿迁）人，中国古代杰出军事家。中国军事思想"勇战派"代表人物，秦末起义军领袖。秦末随项梁发动会稽起义，在前207年的决定性战役巨鹿之战中大破秦军主力。秦亡后自立为西楚霸王，统治黄河及长江下游的梁、楚九郡。后在楚汉战争中为汉王刘邦所败，在乌江（今安徽和县）自刎而死。项羽的武勇古今无双，古人对其有"羽之神勇，千古无二"的评价，他是中华数千年历史上最为勇猛的武将，"霸王"一词，专指其人。

延伸阅读

世界上最古老的"窃听器"

墨子是春秋战国时期的鲁国人，他是思想家，又是个能工巧匠。他应用共鸣原理发明的"听瓮"装置，提供了一种及早发现敌方挖掘行动的好方法。

据《墨子·备穴》篇介绍，听瓮的安置方法有两种：

一种是沿着城墙根每隔五步（约6米）挖井一口，遇高地挖到当时的丈五尺（约3米）深，低地则挖到地下水位以下三尺（约60厘米）为止。每口井内放置一口陶瓮，并在瓮口蒙上薄皮。当敌军挖掘地道时，就会有声音沿着地面传到瓮中，引起坛内空气的共鸣声；瓮内的声响引起瓮口薄皮的振动，就会被"伏罂"人听到。利用相邻几个瓮中声音的响度差，还可判断出声音传来的方向。

另一种安置方法是：在城墙根的一口井中，同时埋设两个稍有距离的瓮，埋设的深度以瓮口与城基相平为准。瓮口放上木板，使人侧耳伏板滞听。这种方法虽然陶瓷埋设较浅，因而易受干扰，但是因为一口井中埋设有两口陶瓮，所以从这两口瓮中声音的响度差，就可估计声源偏向哪边。再根据相邻两口井中四瓮的响度情况，就能确定出声源所在的方位。

墨子发明的这种"听瓮"装置，后世一直在沿用。

声的波动性与功率

在具有质量和弹性的介质中，任何机械扰动都能形成声音，不论这种声音我们是否听得见。为了弄消楚为什么声音的传播需要具有质量和弹性的介质，让我们看看下面的类比。

请设想列车编组站直线轨道上停靠着一长列紧挨着但没有挂钩的火车车厢。机车驶近第一节车厢，推动车厢，然后退回去。因为车厢具有质量，而机车又赋予车厢速度，车厢就获得了某一冲量。第一节车厢走了若干厘米撞上第二节车厢，把冲量传给第二节车厢。第二节车厢接着撞上第三节车厢，第三节车厢接着撞上第四节车厢，依次撞下去。这样，撞击波就沿着列车传播出去。

我们在这个例子中假定通过每一次碰撞，冲量从一节车厢全部传给另一节车厢。因此，每节车厢在经碰撞传出冲量后应当停下来，或者至多再向前稍微移动一点。我们采用这个模型同声音的传播没有任何关系。由于车厢顺次推撞，整个列车移动的距离不大，这就是说，这里进行的是质量能传递，而声音却是能流。

现在，让我们把列车所没有的弹性引入我们的系统。我们用橡胶绳把每节车厢绑在路基上。这时，在推撞引起的依次位移之后，车厢在橡胶绳张力（张力大小同位移成正比）作用下重新回到原来的位置。每一节车厢在固定点左右做振动。这种运动通常称作简谐振动。在这种情况下，机车赋予第一节车厢的最初冲量沿整列车传播，引起每一节车厢的振动。如果我们能保持第一节车厢连续振动，那就能获得沿着列车传播的一系列碰撞波。如果列车相当长，那么，波动图像就会是稳定的。

这种振动系统的某些特性可以做定量的估计。首先是每一节车厢离开原来位置的最大位移量，这个量称为振幅。如果仔细观察每节车厢在同一时间内离开原来位置沿列车方向的位移量的分布情况，就会获得一幅波动的曲线。车厢沿冲量方向的位移画在水平线上面，向相反方向的位移画在水平线下面，这种曲线是通常的正弦曲线。

如果取相邻车厢之间的相对距离代替每节车厢的位移，也可以获得类似的曲线。这种曲线上的峰相当于车厢互

行驶中的火车

相碰撞，而谷则相当于车厢相互间分开的最大距离。每一系列沿列车传播的碰撞，在曲线上表现为一个沿水平轴运动的正弦曲线波峰。前后两个碰撞波间的距离也就是相邻正弦曲线波峰之间的距离。这个距离通常称为震动波长。

每一个碰撞波以一定速度沿着列车传播，速度的大小取决于车厢的质量和使车厢保持在原来位置的橡胶绳的弹性。只要知道波长和波的传播速度，就可以说出，在单位时间内有多少波经过已知点。这种波的数目表征振动的频率。

现在，让我们从这个粗略的模型转向研究声音在空气中的传播。空气（气体的混合物）由大量的独立分子构成，这些分子以较大的速度杂乱地运动，不断地相互碰撞，如果空气中有谷底微粒，它们与这些微粒碰撞。我们不论选哪一个单独的分子进行观察，都无从发现能够使分子回到出发位置的力。但是，如果我们观察任意选择的一个分子群，那么，我们就会确信，这个分子群竭力要处在某种统计平均位置。正如橡胶绳的弹力作用于每一节车厢（可以把车厢看成是由大量杂乱运动的分子所组成的）一样，同位移大小成正比的恢复力也作用于从初始位置移动的任何一个分子群。

这个例子可以加以变换，可以用充满空气的某种管子代替列车，用插入管子末端作用其振动的膜片（类似扬声器的纸盒）代替推动车厢的机车。在这个模型中，代替沿列车传播的碰撞波的是空气的疏密波，同车厢之间最大距离相当于谷，现在同空气稀疏区相符合。物质中这种压缩和稀疏的传播就是声音。

但是，这是很特殊的声音：因为我们能听到的声音中，只有很少一部分能用简单的正弦曲线来表示，例如锤子敲击音叉时发出的声音就是如此。这种正弦曲线声波虽然很少见，但在声学中起着重要作用，因为，所有的声波都是它们合成的。这一发现是在19世纪初叶伟大的法国数学家、拿破仑的科学顾问让·巴蒂斯特·约瑟夫·傅立叶（1768～1830）完成的。他首先证明了任何周期振动都可以表现为具有不同频率和振幅的若干正弦曲线波的总和。他制定的方法（傅立叶分析）使我们能把任何复杂振动分解成许多正弦振动。音的独立成分只能靠听觉来鉴别。最伟大的声学家之一、德国物理学家赫曼·冯·赫尔姆霍茨（1821—1894）对声学作出了巨大的贡献。他断言，声音的性质，即音色，实质上取决于组成声音的正弦曲线成分的数量。因此，相同的音调，用小号、小提琴、长笛演奏时发出的声音不同。可以证明，每一个音都是由决定音调的基频和一定数量的谐波所组成的。谐波频率比基频高整数倍。音调中谐波的不同比例决定了乐器的音响特性。

但是，为什么不同的乐器发音时会发出各种谐波呢？赫尔姆霍茨引进谐振的概念，对这个问题也作了回答。任何一个结构都具有某种固有频率，这一结构在扰动情况下就以这种频率振动。可作为这种结构典型例子的是音叉。但是，其他一切东西，从吊桥到复杂的机械，在撞击作用下（当然，如果这些东西具有一定数量的自由度的话），都是以本身固有的频率振动。充满空气、封闭的或半封闭的容器同样具有本身固有的，取决于容器表面形状和大小的振动频率。如果用与此频率相近的声音激发这种结构，那就会产生所谓的谐振。这种结构能加强相对应的音调。高次谐波的频率比结构本身固有的频率大整数倍，谐振在高次谐波中也能产生。

因此，谐振是声音波动性质的结果，正是谐振决定了我们周围世界中声音的千变万化。简谐振动通过谐振现象成为千变万化的声音：用斯特拉迪瓦里小提琴演奏的美妙的旋律，语言的声音以及工厂机器令人不快的、有时甚至是有害的噪声。

正如前面已经说过的，声音在介质中的传播取决于介质的质量，更确切些说，取决于密度和弹性。因而，声波的速度是这两个参数的函数。

虽然弹性的定义对固体和流体（液体和气体）来说是不同的，但是上面所说的关系在所有情况下都是正确的。

因此，声速随着弹性增加和密度减小而增大。因为固体和液体的密度大，气体的密度小，因此可以设想，声速在固体和液体中小一些。但是，固体和液体的弹性要超过气体的弹性许多倍，这又决定了声速在这些介质中比在气体中更大。例如，声速在钢中等于 5 050 米/秒，在海水中约为 1 500 米/秒，而在空气中约为 340 米/秒。但是，另一方面由于铅的弹性很小，声音在铅中的传播速度只有 1 200 米/秒，几乎等于声音在氢中的速度（1 270 米/秒），而氢，大家都知道，是一种密度非常低的气体。

声音传播的频率、波长和速度的相互关系如下：

频率 = 速度/波长

频率可用每秒钟的振动数（即通过某点的波数）测量。频率测量单位用赫兹，简称赫（1 赫相当于每秒钟振动 1 次）。根据上述公式可以得知，以频率 1 000 赫传播的声音波长，在钢中为 5.05 米，在空气中为 0.34 米。频率为 10 000 赫时，波长相应为 50 厘米和 3.4 厘米。

由同一公式显然可以看出，谐振器的"行为"（其固有频率）恰恰取决于声速度，因为在谐振结构中传播的声音波长受到谐振结构的严格决定。如果我们能够在氢的大气中演奏小提琴，那么就会获得像尖叫声一样频率很高的声音。在含有大量氦的空气中呼吸的潜水员的噪声可作为上面所说的一个很好的例证。他们的嗓音变得像迪斯尼的动画影片中的人物唐老鸭一样非常尖细，含糊不清。因为人的发音系统的谐振频率在含有大量氦的空气中，比在通常的空气中要高出许多。

声音的速度、波长和频率是以一定数值表示的十分明显的参数。对声音的功率作定量的估计就比较难，还有两个原因：首先，声音的功率同其他形式的能比起来是太小了。例如，在 A·沃德《音乐物理学》一书中指出，50 000 个球迷在 1.5 小时足球赛中喊叫的声能，只能烧热一杯咖啡！对放大器的功率作出估计则简单得多（每个无线电爱好者都能做）。声频放大器的功率很低，例如，对于光能或热能，10 瓦是非常小的功率（试设想 10 瓦的电灯泡），但 10 瓦声频放大器的音量却足以保证许多人听得清。

第二个原因实质上是第一个原因的后果。虽然声功率值的上限不大，但是功率从刚能听见的声音到上限的变化范围很大，大到似乎难以置信的程度。大多数人在日常生活中经常碰到的功率最大的声音，或者使人受到刺激，或者能使耳朵产生痛楚。但是，即使使耳朵产生痛苦感觉的声音功率降到十万亿分之一，这种声音仍然具有足以在空气中传播的强度。

我们用声音强度来做客观标度的量，应是我们主观感受的反映。通常用的是对数标度。例如，如果一种声音的功率比另一种声音的功率大 10 倍，通常

认为第一种声音的强度比第二种声音大 10 分贝；如果大 100 倍，则为 20 分贝；大 1 000 倍，则为 30 分贝；依次类推。换句话说，声音功率的比率每增加 10 倍，用分贝表示的声音强度也增加 10。

但是，用这种方法获得的不是绝对的标度，而不过是相对的标度。必须在一定程度上标出零强度级，以便由此计算读数。这个级是在主观指数——人耳的最小听阈基础上选择的，其客观值等于 10～16 瓦/平方厘米。这种声音的强度被取作 0 分贝。功率大 10 倍的声音，声强级为 10 分贝；大 100 万倍的为 60 分贝；大 1 万亿倍的（这种声音使我们感到痛楚）为 120 分贝（相当于 10^{12} 瓦/平方厘米）。

分　贝

分贝（decibel，缩写 dB）是以美国发明家亚历山大·格雷厄姆·贝尔命名的，他因发明电话而闻名于世。因为贝尔的单位太粗略而不能充分用来描述我们对声音的感觉，因此前面加了"分"字，代表 1/10。1 贝尔等于 10 分贝。声学领域中，分贝的定义是声源功率与基准声功率比值的对数乘以 10 的数值。用于形容声音的响度。

延伸阅读

各式各样的波

取一条长绳将其一端固定而将另一端上下抖动，绳子的振动便由振动的一端传向另一端。这种振动的传播叫做波动，简称波。波的种类很多，如水波、声波、电磁波等。由上面绳子传波的过程可以看出，波在传播时振动的每个点，并不沿波的传播方向移动。

语言声学

全世界有 2 万多个民族，讲着 2 800 多种语言。被 5 000 万以上人口使用的语言有 13 种，其中说汉语的人数最多，其次是英语、印地语、西班牙语、阿拉伯语、葡萄牙语……讲英语的国家最多，其次是西班牙语，再次是阿拉伯语、法语、德语。

不仅如此，每种语言里还有许多方言。

但是，所有语言都是用语音来表达的，这是它们的共同点。语音是通过人的发音器官发出的声音。人的发音器官包括呼吸器官、声带和口腔。肺、支气管和气管是发音的动力站，说话时由那里发出气流。声带是我们喉头中间的两片薄膜，它富有弹性，附着在喉头的软骨上。两片声带中间的通道叫做声门。

我们默不作声时，声带是松弛的。从肺里呼出的气流经过声门时，自由自在地从那个三角形的孔里通过，不会引起声带的振动。当我们讲话或唱歌时，声带便会绷紧，向中线内收，并且相互紧紧地接触，"声门关闭"了，从肺里呼出的空气只能从缝隙中挤出，于是引起声带的振动，发出了声波。人们在说话的时候，不管是讲哪种语言，都会有一个个的音节。

请你大声说："花真香！"分析一下，这是 3 个音节，头一个音节是 huā，第二个音节是 zhēn，第三个音节则是 xiāng。

请你拉长声说"花"字，你会发现，"花"字变成 ā 音，如果把嘴闭上，"花"字是出不来的。可见，花（huā）这个音节是由 h，u，ā 三个更小的语音组成的，这种最小的语音单位叫音素。

几千种语言都是由音素组成的。音素包括元音和辅音两大类，例如 a 就是元音，h 就是辅音。元音是由声带振动发出来的乐音，每个元音的特点是由口腔形状决定的，辅音是发音时由口腔的不同部位以不同的方式阻碍气流所产生的一些音。

无论哪种语音都是由不同形式的声波构成的。每一个音都有一定的音色、音调（声调）、响度（声强）和音长，这些就是语音的物理属性。

音色和发声体有关，这个道理语音中也在应用：声带振动发出的音和声带不振动时发出的音就有不同的音色。

音色和发音方法有关，同是弦乐器，用弓拉和用手指拨，音色会不同。语

音也是如此，送气或不送气，就形成了音色不同的两个音。例如不送气时是b，送气时就成了p。

B662 语图仪

Kay7209 语图仪

Kay7800 语图仪

Kay5500 语图仪

各种语图仪

共鸣器的形状会影响音色，这个原理在语音中也适用。口腔闭合一点或张大一点，发出的音也不同。发 a 音口腔必须大开，发 o 音口腔是半合的。

音调是由声波的频率决定的。音调在汉语语音里是很重要的，例如 mai 这个音节，读成 mǎi 是"买"，读成 mài 是"卖"，意义相反。在语言学里这叫声调的变化，它主要取决于音调，有时也和音长有关。

响度是由声波的振幅决定的。响度在汉语里有送别词义和语法的作用！把重音放在不同的位置，往往有不同的词义；"虾子"和"瞎子"，前者读做 xiā zǐ，表示虾的卵，后者读做 xiā zi，"子"要轻读，表示盲人。"对头"这个词，把重音放在"头"字上，读为 duì tóu，表示正确、合适的意思，把重音放在前面，"头"字轻读，读成 duì tou，就变成了仇敌、对手、冤家的意思了。

音长是声音的长短。不同的音长可以表达不同语气和情态。

从物理学角度来看，千变万化的语音不过是千变万化的声波。一切语言都可以用频率、响度和时间这 3 个物理量来描述。早在 40 年前，物理学家和语言学家就共同研究出了"语图仪"，用这种"语图仪"可以把声音信号画出图形。"语图仪"的出现标志了近代语言声学的新阶段。

近年来，语言声学又有了新发展，人们已经造出了能听懂某些词汇的机器（例如可以识别 200 个词），会说某些语言的机器。

但是，要让机器听懂人的语言还需要克服许多困难。因为人们能听懂话，不光是靠物理上的语音信息，而且要靠大量的非物理量的信息。我们都会说汉语，为什么老师用汉语讲课，你有时听不懂？这就比较复杂了。科学家们正在研究"语言理解系统"，这要涉及人工智能的许多问题。不过，这些难题在不久的将来是一定能解决的。在学好"数理化"的同时，努力学好语文和外语吧，要解决这类难题，偏科和"重理轻文"的学生是不胜任的！

气 管

气管以软骨、肌肉、结缔组织和黏膜构成。软骨为"C"字形的软骨环，缺口向后，各软骨环以韧带连接起来，环后方缺口处由平滑肌和致密结缔组织连接，保持了持续张开状态。管腔衬以黏膜，表面覆盖纤毛上皮，黏膜分泌的黏液可黏附吸入空气中的灰尘颗粒，纤毛不断向咽部摆动将黏液与灰尘排出，以净化吸入的气体。

延伸阅读

会说话的石像

门农是希腊神话中埃塞俄比亚的国王，他在援救特洛亚人的战争中，被希腊的阿喀琉斯所杀。2 000多年前，人们为了纪念他，在卢光苏尔附近为他建造了一个高20米、重4吨的石头塑像。没想到石像建成后不久，人们就发现，每当太阳升起的时候，它就发出低微的声音，像在自言自语，又像在诵经念文，前后长达一两个小时。当时的人们弄不清到底是怎么回事，认为这是神在说话，于是纷纷前来顶礼膜拜，祈祷禳灾。几百年后，因石像遭风侵雨蚀，塞普契米·塞维尔大帝诏令加以修复，结果石像从此再也不说话了。

据今人考证，门农神像发声是由于朝阳照射形成的热上升气流引起的。气流在上升的过程中同粗糙的石像表面摩擦便会产生声振动，这种声振动同石像上缝隙和孔洞内的空气柱发生共鸣，便会发出声音来。

声音中的奇妙现象

SHENGYIN ZHONG DE QIMIAO XIANXIANG

在声音的世界里常常会出现许多奇妙的现象：

激烈的炮火声震四方，在几百千米之外都清晰可闻，可是有人在炮火声的近处却发现异常寂静，几乎听不到枪炮声。

北京天坛里有一个著名的"回音壁"。谁都知道，两个人低声耳语，相隔几米远就听不到了。而在回音壁前，相距几十米远都能听得一清二楚，这就不能不让人感到神奇了。

一个人站在广袤千里的平原上大声呼喊，是听不到回声的；一个人站在高楼林立的大马路上呼喊，同样听不到回声。可是如果一个人站在寂静的山谷中呼喊，他不仅可以听到响亮的回声，而且感到应声四起，此起彼伏。

在万人大礼堂里，无论坐在哪个位置的人都能听到主席台上的人的讲话声，这里面有什么奥秘呢？

世界上已发现有100多处地方有响沙，并且各有各的特色，沙子怎么会发出动人的声响呢？

海豚的视觉很弱，而且没有嗅觉器官，但是它却可以在海水中自由生活，而且能做出一些高难度的动作，它靠的是什么呢？

被针刺瞎了双眼的蝙蝠依然能敏捷自如地飞翔，这是为什么呢？

对于以上现象，你是否感到疑惑与好奇呢？通过本章的阅读，将为你揭开现象背后的本质或探究现象中尚未解开的谜团。

巨响之下的"寂静区"

100 多年前，德国和法国在法国某地发生了战斗。激烈的炮火声震四方，在几百千米之外都清晰可闻。可是有人来到离前线并不太远的巴黎市郊，却发现这里异常寂静，几乎听不到枪炮声。

无独有偶，20 世纪初，荷兰一座军火库突然爆炸，惊天动地的轰响，惊扰得千里之外的城乡鸡犬不宁，可是离出事地点只有几百千米的一些地方的居民，却不知道爆炸这回事，因为他们根本就没有听到爆炸声……

据说，在第一二次世界大战期间，也曾发现过此类奇异现象。

震天的巨响，近处没听到，远处却听得清，岂非咄咄怪事？为了解开这个谜，科学家进行了深入的分析和研究，最后终于搞清楚，原来这种现象的发生，是地球大气层一手造成的。

大家知道，在地球周围裹着厚厚的大气层。很早人们就发现，大气层各处的温度是不同的。一般说来，离开地面越高，它的温度就越低。但是，当高度超过 10 千米时，情况却发生了变化：从 10 ~ 50 千米这个范围内，高度越高，温度也就越高。声波有个古怪的"脾气"，它在温度高的地方跑得快，而在温度低的地方跑得慢。因此，声波在不同高度的大气层中的传播速度也就不同：在大气下层，速度随高度的增加而减小；在大气上层，速度却随高度的增加而增人。

如果我们把一队短跑运动员，按照他们的速度大小由高到低并列排成一行的话，那么起跑以后，他们就不会再保持原来的

枪 炮 声

水平线，而是逐渐发生弯曲，形成一条由速度高弯向速度低的弧线。同样的道理，在大气层中传播的声波，由于在不同高度上速度不同，传播路线也要发生弯曲：在大气下层向上弯曲，而在大气上层要向下弯曲，这种现象叫做声音的弯射。

明白了上面的道理，我们就可以回过头来解释刚才的问题了。当地面上由于爆炸等原因产生巨响时，强大的声浪传向了四面八方。其中沿着地面传播的声波，由于沿途树木、山岳、建筑物以及其他凹凸不平物体的反射和吸收，传不多远便消耗殆尽了。而涌向大气层的声波，开始慢慢向上弯曲，到了一定高度的高空后，又逐渐弯向了地面。如果声波很强，到达地面的声波还可以继续这样的弯射，以致把声音传到很远的地方。然而在地面声波传不到、弯射的声波又到达不了的广大中间地带，虽然离开声源并不甚远，却"闹中取静"，成了听不到巨响的"寂静区"。

大 气 层

大气层又叫大气圈，地球就被这一层很厚的大气层包围着。大气层中氮气占78.1%，氧气占20.9%，氩气占0.93%，还有少量的二氧化碳、稀有气体（氦气、氖气、氪气、氙气、氡气、氢气等）和水蒸气。大气层的空气密度随高度而减小，越高空气越稀薄。大气层的厚度大约在1 000千米以上，但没有明显的界限。整个大气层随高度不同表现出不同的特点，分为对流层、平流层、中间层、暖层和散逸层，再上面就是星际空间了。

延伸阅读

子弹和声音赛跑

有人说，子弹射出枪口的速度大约是900米/秒，声音在空气中传播的速度一般是340米/秒，子弹的速度是声速的两倍多，当然是子弹跑得快。

真是这样吗？我们再来看看，子弹在飞行过程中，不断地跟空气发生摩擦，它的速度会越来越慢，可是声音在空气中的速度，一般却很少变化。那么到底是谁跑得快呢？

第一个阶段，从子弹离开枪口到 600 米内的距离，子弹飞行的平均速度大约是 450 米/秒，子弹跑得比声音快得多，遥遥领先。在这段距离里，如果听到枪声，子弹早已越过了你，飞到前面去了。

第二个阶段，从 600～900 米的距离里，由于空气的阻力使子弹的速度减慢，子弹已经不及声音跑得快了，这时，声音逐渐赶了上来，两个赛跑者几乎肩并肩地到达 900 米的地方。

第三个阶段，在 900 米以后，子弹越跑越慢，声音后来居上，终于超过了子弹。到了 1 200 米的地方，子弹已经累得精疲力竭，快要跑不动了，声音却远远地跑在前面了。

水的奇言妙语

水是会"说话"的。听听水的声音，可以判断水的状况。

把满满的一瓶子水倒出来。听！水在噗噗作响。用墨水瓶、啤酒瓶、暖水瓶做这个实验，它们发出的声音是不同的。

这是因为水流出来的时候，空气要从瓶口挤进去，那一个个气泡钻出水面时会因压强变小而迅速膨胀，发生冲击，水瓶就这样"说话"了。

把水壶坐在火炉上，当水壶发出叫声的时候，那水并没有开。等水真正沸腾的时候，叫声又不是那样响了。"响水不开，开水不响。"水壶里的声息为什么能报告壶里的情况呢？

坐在火炉上的水壶，壶底的水最先热起来，于是那里就产生了气泡。这些气泡温度很高，水的压力不能把它们压破，水的浮力却让它浮向水面。而气泡浮到了上边的冷水层，就把热量传给了冷水，自己的温度降了下来。气泡温度一降，里面的压力也小了，抵挡不住水的压力，就被压破了。水的分子乘机冲入气泡，发生了撞击。气泡浮上来的多了，这种撞击声就会大起来，所以水壶发出"叫声"的时候，它并没有沸腾。水在大开的时刻，水中的气泡大都钻出水面冲向空气，这时的声响当然就会变成哗啦哗啦的了。

人被烫着的时候会喊叫，水挨烫时也会"尖叫"。

把几滴冷水滴在烧红了的炉盖上，听！它咝咝地"尖叫"了。烧水做饭时我们常常会听到这种声音。

水当然没有知觉，它挨烫时"尖叫"是由于它在急速地变为汽。炉盖或炽热煤球的温度很高，水滴到上边马上变成了水蒸气。一滴水变为汽，体积大约要膨胀 1 000 倍以上，这样就扰动了周围的空气，发出了声音。

提一壶冷水，向地面上倒一点。你听到的是清脆的噼啪声。提一壶开水，同样向地面上倒一点，你听到的则是低沉的噗噗声。

为什么冷水和开水倒在地上发出的声调不同呢？有人解释说，这是由于冷水里含的空气多，而开水里几乎没有空气了。当冷水浇到地上的时候，水和水里的空气同时跟地面撞击，所以发出的声音比较清脆。开水倒在地上，就只有水跟地面撞击，所以发出的声音比较低沉。

这种解释是否确切，可以看看冷开水倒在地上会发出怎样的声音。

把一壶煮开的水，每隔两三分钟向地下浇一次，同时注意听它的声音，你会发现，随着水温的降低，音调由低转高，由噗噗声变成了噼啪声。

这个实验是已故的科普作家顾均正先生设计的。经过他的研究，认为开水的声音是因为开水的温度造成的。当水温在 100℃ 左右时，水的分子活动能力大大增加了，分子之间的吸引力大为变小，这种沸腾的水，不但表面的水分子在快速蒸发，而且内部的水分子也会争先恐后地跳出来变为汽，所以开水四周总是包围着一层水汽。当水倒到地面上时，水汽首先垫在上面，开水和地面之间有了这一层绒毯似的气垫，撞击的声调也就低沉多了。当水温远低于沸点时，液体内部的分子不再汽化，水柱落地再没有气垫的缓冲作用，声音也就变得清脆了。

我们可以用棉被和钢球来验证顾先生的理论。

从一定的高度向木床板自由下落一个钢球，听！那撞击声多么清脆。在床板上垫一床棉被，再让钢球（或其他重物）自由下落，听！声音发闷了。

我们一定有过这样的经验，当你用完自来水，突然关上水龙头，会听到水管里发出隆隆

自来水管

的响声，这响声究竟是怎么一回事呢？

我们知道，自来水是在自来水厂经加压（或水塔）送入到各家各户的。由于水很难被压缩，经加压后的水在水管里流动具有很大的冲击力，水压越大，冲击力也越大。当你突然将水龙头关闭，正在流动的水流就会因撞上水龙头里的阀门，而受到阀门的反作用力，使水流向回流动，同时在阀门附近产生局部真空区域，因该区域压强远小于水管里水的压强，水又流了回来，这样，水流在水管里来回冲击。如果冲击得猛烈，水管本身又没能很牢固地固定在墙上，就会使水管发生振动，发出隆隆的响声。水压越高的区域，发生此类情形的可能性就越大。

为了避免水管产生振动，发出隆隆的响声，在安装水管时，一定要将水管牢牢地固定在墙上。如果你在使用自来水时，遇到了这种情况，可将自来水龙头重新拧开，然后再慢慢地将水龙头关紧。

真空

真空是一种不存在任何物质的空间状态，是一种物理现象。在"真空"中，声音因为没有介质而无法传递，但电磁波的传递却不受真空的影响。事实上，在真空技术里，真空系针对大气而言，一特定空间内部之部分物质被排出，使其压力小于一个标准大气压，则我们通称此空间为真空或真空状态。1真空常用帕斯卡（Pascal）或托尔（Torr）作为压强的单位。目前在自然环境里，只有外太空堪称最接近真空的空间。

延伸阅读

共振小实验

找两只同样的玻璃杯，用筷子敲一敲，它们发出的音调一样。把两只杯子

放在同一桌上，相距在3厘米以内，在甲杯杯口上放一根细铜丝（可以从多股铜电线里抽出一股）。用筷子敲乙杯，看！甲杯杯口上的铜丝动了。如果不动，可以使两个杯子再靠近一些。如果还不动，可以在杯子里放一些水，使两个杯子的音调相同。这个实验必须耐心去做，因为只有两个杯子的音调一样才行。

在实验室里是用共鸣音叉来做这个实验的：两个音叉的固有频率是相同的，它们分别立在两只相同的小木箱上，箱口彼此相对。用橡皮锤敲击甲音叉，它发出了声波。用手握住甲音叉，它不发声了，我们却听到了乙音叉在"唱歌"。如果在乙音叉上粘上一张纸，改变了它的固有频率，"甲唱乙和"的现象就消失了。

这里边的道理很简单，甲振动后发出的声波，引起了乙的共振。因共振而发声的现象就叫共鸣。共鸣是一种共振，它的条件是两件共鸣物体的固有频率相等。

建筑中的声学

建筑和声音有着密切的关系，你不妨到各种建筑物里去听一听。

在空旷的操场上说话，你会觉得声音不响而且单调；在空空的大礼堂里说话，你会听到很响的回声；在教室、在卧室、在厨房、在楼道，你在各种建筑物里说一说，听一听。经过比较你会发现，同样是你的说话声，在各种建筑物里听起来却不相同。

为什么在空无一人的礼堂里说话，反而觉得听不清呢？这是因为除了从声源发出的声波之外，还有从距离不同的物体反射回来的许多声波，这些回声不能同时到达你的耳朵，这就使你感到声音变了。这种现象叫做混响。混响时间和建筑物的结构有关，是可以控制的。例如，北京首都剧场的混响时间，坐满观众时是1.86秒钟，空的时候是8.8秒钟。

混响时间太长了会干扰有用的声音，混响时间过短也会使人觉得声音单调。建筑学家要处理好这些难题，是要花一番心思的。

人民大会堂里有个万人礼堂，体积有9万多立方米，表面积有1万多平方米，要求它具备的音响性能是：有合适的混响时间；噪声小于35分贝；开会发言时，每个座位都能听到70分贝清晰的声音；舞台演奏时，每个座位都要听到80分贝丰满的乐曲……怎么办呢？

这就要根据声波特性和人对声音的感觉，从建筑设计、建筑材料、建筑构造、扩音设备等方面进行综合研究。专门研究这些问题的科学叫建筑声学。

万人礼堂的扩音设备，采用了分布放大系统，分别在座位上装了 8 000 个小喇叭，每个喇叭的功率只有 0.1 瓦，能产生 75 分贝的声级。由于这么多小喇叭分布在全场，电传输的速度又极快，主席台上讲话的声音一下子就传满了大会堂的各个角落，使听众感到是在直接聆听发言。此外，礼堂还采用了立体声放大系统，舞台上配置 14 个传声器，文艺演出时观众听到的乐曲更真切。大礼堂满座时的混响时间是 1.6 秒钟，全空时只有 3 秒钟。万人会堂的巧妙声学设计，是在我国著名声学家马大猷教授亲自领导下完成的。

有些剧场的音响效果非常好，即使在离开舞台很远的座位，都能很清楚地听到舞台上的声音。而有些剧场的音响效果却很差，甚至坐在舞台附近座位的观众，都听不清楚舞台上演员的声音。这是为什么呢？美国某位物理学家曾在他所著的《音波和声音的运用》中提到这一点：

"在建筑物中，讲话停止时，有时余音还缭绕了好几秒钟。这时，倘若有别的声音产生，听众就必须集中精神才能勉强听出演员所讲的是什么。譬如说，演员说了一句台词后，余音维持了 3 秒钟，这时，在余音还没消失前，另一演员又以每秒钟 3 音节的速度讲话，如此，室内就有 9 音节的音波互相反射着，所以，听起来就显得很嘈杂。如果演员要避免这种情况发生的话，则讲话时，上一句台词和下一句台词之间，应该停顿几秒钟，而且声音不要太大。有些演员不懂这种物理现象，反而把说话的声音提得更高，结果只是显得更嘈杂罢了！"

以前的人以为音响效果好的剧场只是偶然产生的。现在，使余音消逝的方法已经发明出来了，而且有好几种。简单地说，要使音响效果良好的话，就得想办法吸收余音（但也不能完全吸收掉），最能够吸收余音的就是正好打开一半的窗户；还有，听众们也是很好的吸收体。所以，一个听众稀少的空剧场，音响的效果反而不好。

万人礼堂

可是，"音"被吸收的程度太大的话，声音就会变得太低而不容易听到，并且余音也会太少。这样的话，声音显得断断续续的。所以，余音不能太长也不能太短，而必须恰到好处才行。怎样的"余音"才恰到好处，是依各剧场而不同的。

在剧场里，还有一样东西也是很有趣的，那就是"提词箱"。这是每个剧场都有的设备，而且它们的形状都一样。这种"提词箱"也是利用物理学的原理而发明的。它的天花板部分就是"音"的凹面镜。它既能够防止提词的声音传向观众那个方向，又能够把提词的声音传给演员。

马 大 猷

马大猷1915年生于广东潮阳，1936年毕业于北京大学。1939年获美国哈佛大学硕士、哲学博士学位。中国科学院声学研究所研究员。主要从事物理声学、建筑声学的研究，是房间声学中简正波理论的创立者，所提出的简洁的简正波计算公式和房间混响的新分析方法已成为当代建筑声学发展的新里程碑，并已广泛应用。

马大猷在20世纪50年代领导设计建造了具有独创性的中国第一个声学实验室，提出了语音统计分析分布的新理论，成功地领导了北京人民大会堂的音质设计，并在吸声结构、喷注噪声及其理论和应用、环境科学、非线性声学等多方面提出重要理论。

延伸阅读

上海大剧院的音响效果

上海大剧院是一座融汇中西建筑韵味的音乐艺术圣殿。它的外观轻灵飘逸，如同飞扬的旋律。大剧院总面积达6.5万平方米，内设1800座的观众厅，500 座的中剧场，200 座的小剧场以及 10 个大小不等的排练房和琴房。大剧院不仅整体形象美轮美奂，它更以完美的视听效果充分展现芭蕾、歌剧和交响乐的精彩华章

在声学设计方面，设计人员在舞台上精心安置了一个大型的声音反射罩，能有效地避免声波向周围空间散逸。这样，宽阔深邃的舞台，放射形的台口，波浪形的吊顶天花板，宛如一个巨大的号筒，把乐音和谐逼真地传向观众。

在控制混响时间方面，大剧院采用了最先进的可变混响设计，在观众厅的侧墙内设置了约 300 平方米的电动吸声帘幕。在演出歌剧时，帘幕徐徐降下，以吸收声波，使观众厅的混响时间缩短至 1.3 ~ 1.4 秒钟，令歌声层次清晰。在演出交响乐时，收起帘幕，使厅内的混响时间上升到 1.8 ~ 1.9 秒钟，以保证交响乐声气势浑厚，丰满而有力度。

在控制噪声方面，设计人员在建筑结构上把舞台和观众厅与相邻房间完全隔离，对机房和机房内的设备加以隔音、隔振处理，并设置许多管道消声器，以保证观众厅的噪声低于 25 分贝。

夜半钟声到客船

一个秋天的夜晚，唐朝著名诗人张继乘船来到苏州城外的枫桥。江南水乡秋夜幽美的景色，吸引着这位怀着忧愁的游子，使他领略到一种情味隽永的诗意美，于是他写下了意境清远的小诗《枫桥夜泊》：

> 月落乌啼霜满天，江枫渔火对愁眠。
>
> 姑苏城外寒山寺，夜半钟声到客船。

诗的大意是：月落夜深，江面上弥漫着茫茫雾气。透过朦胧的夜色，可以看到星星点点的渔家灯火，映照在船上正在睡眠的旅客身上。这时，城外寒山寺的大钟敲响了，阵阵悠扬的钟声，从遥远的地方传到了停在岸边的船上。

张继的这首诗清丽迥远，情景交融，是流传千古、脍炙人口的佳作。特别是最后一句"夜半钟声到客船"，不但是全诗神韵最完美的体现，而且，从科学角度讲，它还客观地描述了一种自然现象。

大家或许都有这样的生活体验：夜里声音比白天传得远。白天，尤其是炎热夏天的中午，无论怎样大声呼喊，声音也传不远；可是到了夜里，远处的叫喊声却能听得一清二楚。热天傍晚在外乘凉，人们常常可以听到远处传来的各

种声音，而这些声音白天是很少听得到的。"夜半钟声到客船"正是这一类现象的生动描述。

许多大城市都矗立着巨大的报时钟，悠扬的钟声，向周围的人们准确地报告着时间。

你若是一个有心人就会发现：夜晚和清晨，钟声听上去很清楚，一到白天，钟声听起来就不太清楚了，有时甚至听不见。

那么，为什么会"夜半钟声到客船"呢？

有人可能会说，这是因为夜晚和清晨的环境安静，而白天声音嘈杂。

其实不然。广袤无垠的大沙漠，白天和夜晚都异常安静，然而在那里白天却很难听到远处的声音，甚至在几十米外爆破，人们都常常听不到爆炸声。可是到了夜晚，情况就不同了，空中不时传来各种声音，间或还能听到远处城市的喧嚣声，人们戏称它为声音的"海市蜃楼"。

究竟什么原因使声音在夜间比白天传得远呢？原来这也是声音弯射的结果。

声音是靠着空气来传播的。它在温度均匀的空气里，是笔直地往前跑，一碰到空气的温度有高有低时，它就尽拣温度低的地方走，于是声音就"拐弯"了。

白天，太阳把大地晒得很热，地面的温度远高于高空的温度。这时声音传播的路线向上弯曲，这样离开发声物体稍远一些的地方，声音就传不到，形成寂静区。人们在寂静区里是听不到发声物体发出的声音的。而到了夜晚情况发生了变化，地面由于迅速散热，使得它的温度低于空气的温度，而且离开地面越高，空气的温度也就越高。这时声波传播的路线变成了向下弯曲，这样地面附近就没有了寂静区，声音传向了远方。如果声波较强，传到地面的声音还会被地面反射到高空中，声波就会继续上面的弯射过程，直到最后消耗殆尽为止。这样一来，声音就会传向很远的地方。于是，人们在很远的地方也能清晰地听到钟声。看来，"夜半钟声到客船"还真有点儿科学道

寒山寺大钟

理呢！

　　声音的这种脾气，会造成一些有趣的现象。在炎热的沙漠里，地面附近的温度极高，如果在五六十米以外有人在大声呼喊，只能看见他的嘴在动，却听不到声音。这是由于喊声发出后，很快就往上拐到高空中去了。相反，在冰天雪地里，地面附近的温度比空中来得低，声音全都沿着地面传播，因此人们大声呼叫时，能传播得很远，甚至在 1 000 ~ 2 000 米以外也能听见。

　　有时，由于接近地面的空气温度忽高忽低，声音也会跟着拐上拐下，往往造成一些较近的区域听不到声音，更远的地方反而能听到声音。1815 年 6 月，在著名的滑铁卢战役中，战斗打响以后，部署在距战场 25 千米处的格鲁希军团竟无一人听到炮声，因此没能按作战计划及时赶来支援拿破仑。而在更远的地方，隆隆的炮声却清晰可闻。声音的传播性质影响到一个战役的胜败。

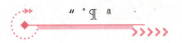

寒山寺

　　寒山寺在苏州城西阊门外 5 千米处的枫桥镇，建于六朝时期的梁代天监年间（502 ~ 519），距今已有 1 400 多年。原名"妙利普明塔院"。唐代贞观年间，传说当时的名僧寒山和拾得曾由天台山来此住持，改名寒山寺。历史上寒山寺曾是我国十大名寺之一。寺内古迹甚多，有张继诗的石刻碑文，寒山、拾得的石刻像，文徵明、唐寅所书碑文残片等。寺内主要建筑有大雄宝殿、庑殿（偏殿）、藏经楼、碑廊、钟楼、枫江楼等。

延伸阅读

《枫桥夜泊》赏析

　　这首七绝的前两句意象密集：落月、啼乌、满天霜、江枫、渔火、不眠

人，造成一种意韵浓郁的审美情境。既描写了秋夜江边之景，又表达了作者思乡之情。后两句意象疏宕：城、寺、船、钟声，是一种空灵旷远的意境。夜行无月，本难见物，而渔火醒目，霜寒可感；夜半乃阗寂之时，却闻乌啼钟鸣，如此明灭对照、无声与有声相衬托，景皆为情中之景，声皆为意中之音，意境疏密错落，浑融幽远，一缕淡淡的客愁被点染得朦胧隽永，在姑苏城的夜空中摇曳飘忽，为那里的一桥一水、一寺一城平添了千古风情，吸引着古往今来的寻梦者。

诗人运思细密，用最具诗意的语言构造出一个清幽寂远的意境：江畔秋夜渔火点点，羁旅骚客卧闻静夜钟声。所有景物的挑选都独具慧眼：一静一动、一明一暗、江边岸上，景物的搭配与人物的心情达到了高度的默契与交融，共同形成了这个成为后世典范的艺术境界。

回音壁、三音石和圜丘

凡到北京去旅游的人，都少不了要到天坛走一趟，因为那里有一个著名的"回音壁"。

回音壁是一个圆形的围墙，高约6米，半径32.5米。它的奇妙之处在于，当有人在墙内某处（A处）面向墙壁小声说话时，站在离此处几十米远的另外某一处（B处）的另一人，都能听得清清楚楚；同样，站在B处的人小声说话，站在A处的人也听得清清楚楚，两个人就像相偎相依窃窃私语一样。

谁都知道，两个人低声耳语，相隔几米远就听不到了。而在回音壁前，相距几十米远都能听得一清二楚，这就不能不让人感到神奇了。

回音壁的奥妙在哪里呢？

在回答这个问题之前，我们先来介绍100多年前英国科学家瑞利做过的一个实验：瑞利制作了一个很大的圆弧状的长廊模型，模型的一端放一支哨笛，另一端放一支点燃的蜡烛。当哨笛吹响时，蜡烛的火焰来回晃动，显然这是哨声的声波冲击的结果。开始，瑞利以为哨声的声波是直接传向烛焰的。后来，他在模型内壁某处安置了一块狭长的挡板，烛焰却不再晃动了。这就是说，挡板挡住了传播的声波。瑞利的这个实验十分清楚地表明，摇动烛焰的声波，不是沿着直线直接传过来的，而是沿着圆弧状的内壁传播过来的。

用瑞利实验，可以很好地揭示回音壁的秘密。原来站在回音壁B处的人听

到的 *A* 处的声音，不是由 *A* 处沿直线传来的，而是沿着围墙传播过来的。

那么，*A* 处的声音是如何沿围墙传播的呢？由 *A* 处发出的声音，是沿着围墙经多次反射，最后才到达 *B* 处的。由于回音壁的墙面十分光滑，声音碰到上面就像钢球碰到石板上一样被弹了出去，虽经辗转多次碰撞，声音的强弱变化不大，因此到达 *B* 处时，仍能听得清清楚楚。

由此可见，回音壁是巧妙地利用了声音的反射作用所创造的人间奇迹。

回 音 壁

在我国古代建筑中，除北京天坛的回音壁外，河南的蛤蟆塔、四川的石琴和山西的莺莺塔，也都能产生声音反射现象，它们并称为我国著名的"四大回音建筑"。

在北京的天坛公园里，除了有名的"回音壁"之外，还有两个有趣的去处，那就是"三音石"和"圜丘"。

三音石是回音壁围墙内白石路上的一块石头，它的位置恰好在圆形围墙的中心。据说人们站在这里拍一下掌，可以连续听到"啪、啪、啪"三声音响。三音石上出现的这种有趣的声音现象，用声音的反射作用可以作出很好的解释：从三音石发出声音后，它沿着圆周的半径均匀地传到围墙的各部分，经碰撞反射回来的回声，又沿着半径穿过三音石，使人们听到第一声音响；穿过三音石的声音继续沿着半径向前传播，碰到对面围墙反射回来的回声，沿着半径再次穿过三音石，使人们听到第二次音响；就这样，声音往返于围墙之间，人们听到了第三次、第四次甚至更多次的音响。

圜丘是天坛公园南面的一个圆形平台，由青石砌成，它的最高层离开地面约 5 米，除东西南北 4 个出入口外，周围都是青石栏杆。圆形平台实际上并不平，而是一个中心略高、从中心向四周逐渐倾斜的台面。通常人们在室外讲话听起来比室内要弱得多，可是如果有两人站在圜丘高处相互交谈，却意外地发

觉对方的讲话像在室内一样响亮。这就是圜丘的奇特之处。为什么圜丘会有这样良好的音响效果呢？从台中心传出去的声音，碰到周围石栏杆要发生反射。由于台面中心高、四周低，所以反射的声音折向较低的台面。同台面碰撞后，声音再次反射，又回到台中心。声音传播的这个路程并不长，因此反射回到台中心的回声几乎和直达声同时进入人耳，这样人们听起来特别响亮，并感到声音好像是从地下发出来的。

回音壁、三音石和圜丘是北京天坛公园的主要建筑物，是世界闻名的名胜古迹，至今已有 400 多年的历史了。它们别具一格的、高超的建筑艺术，反映了我国古代劳动人民的聪明才智和丰富的科学知识。

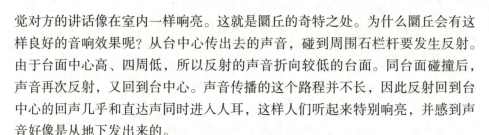

天 坛

北京天坛地处原北京外城的东南部，故宫正南偏东的城南，正阳门外东侧。始建于明朝永乐十八年（1420 年）。是明清两朝历代皇帝祭天之地。占地 272 万平方米，整个面积比紫禁城还大些，有两重垣墙，形成内外坛，主要建筑有祈年殿、皇穹宇、圜丘。圜丘建造在南北纵轴上。坛墙南方北圆，象征天圆地方。圜丘坛在南，祈谷坛在北，二坛同在一条南北轴线上，中间有墙相隔。圜丘坛内主要建筑有圜丘坛、皇穹宇等，祈谷坛内主要建筑有祈年殿、皇乾殿、祈年门等。

延伸阅读

寻 求 回 声

美国作家马克·吐温有一篇小说，叙述一个男人有一种喜欢收集回声的怪癖。这个男人到处去寻求会产生回声的地方，并且把这些地方买下来。起先，他在乔治亚州买了一个会产生 4 次回声的地方；然后又在马里兰州找到一个会产生 6 次回声的地方；之后又在缅因州找到一个会产生 13 次回声的地方；接着又在堪萨斯州找到一个有 9 次回声的地方；最后，则在田纳西州买了一个能够产生 12 次回声的地方，而且这地方很便宜，因为这地方是在悬崖边，而且有一部分崩溃了。因此，他必须把这地方重新整修，才能使回声恢复到原来的 12 次。于是他花了几千美金请了几位建筑师来整修这个地方，可是没有任何一位建筑师对回声有把握。最后，反而把这个地方整修得更糟。

钟响磬鸣

据唐朝韦绚《刘宾客嘉话录》记载：唐朝开元年间，洛阳古寺里的一只磬（一种打击乐器），常常不敲自鸣。寺里的老和尚认为是妖魔作祟，又惊又怕，因此卧病不起。老和尚有位朋友名叫曹绍夔，听说和尚病了前去探视，老和尚便把病的起因如实告诉了他。两人正在谈话，磬又响了起来。曹绍夔也感到十分奇怪。就在这时，他听到窗外传来阵阵钟声。曹绍夔凝神一想，便明白了一切。于是，他笑着对老和尚说："明天你请客，我来帮你'捉妖'。"第二天曹绍夔来后，从怀里掏出一把锉刀，在磬上锉了几个口子。从此，磬再也没有自鸣作响。

听了上面的故事后，你一定在想：古寺里的磬到底为什么会自己响起来？曹绍夔用锉刀锉磬以后，磬又为什么不再自鸣作响了呢？

为了回答上述问题，先看一个实验：取甲、乙、丙三音叉，使甲和乙的频率一样，丙和它们的频率相差甚远。将甲、乙分别装到两个共鸣箱上，敲击甲，乙自鸣，或敲击乙，甲自鸣。若取甲、丙或乙、丙做上述实验则无自鸣发生。我们以前说过，各种声音都是由物体振动产生的。物体振动的快慢和振动的幅度不同，它所发出的声音就不同。物体振动得快，发出的声音的音调就高，振动慢，音调就

磬

低。物体振动的幅度大，发出的声音就响，反之声音就弱。物体在每秒钟内振动的次数叫做频率。一个物体的振动频率是由它自身的条件（像材料性质、密度分布、结构和形状等）决定的，因此通常又把它叫做物体的固有频率。物体的固有频率在每秒钟 20～20 000 次之间时，它所发出的声音就能被人耳听到。

　　使物体发声最常见的方法，就是直接用外力激发物体。我们平日敲锣、打鼓、击钟、弹琴等发出的声音，就是采用的这种方法。但是，也可以采用另外的方法使物体发声。人们常会看到，当远处放炮或飞机掠空而过时，门窗会格格作响。原来这是炮弹爆炸或飞机飞行发出的声振动，通过空气或地面传递到门窗上，迫使门窗振动发声的结果。这是一种间接激发物体使其振动发声的方法。人们通过研究发现，当一个物体的声振动通过中间物质间接传递给另一个物体时，若前者的振动频率与后者的固有频率相差甚远，则后者发出的声音很轻微，甚至听不见。反之，若两者的频率恰好相同或相近时，后者就会引起大幅度的振动，从而发出显著的声响来。这种现象叫做声音的共振，或者叫做共鸣。

　　通过以上的分析，我们自然就很清楚，上面故事里的磬的自鸣，是一种共鸣现象。它是由于寺院里的钟声的振动频率，恰好与磬的固有频率相同或相近造成的。当曹绍夔用锉刀在磬上锉几个口子后，改变了磬的固有频率，两者不再共鸣，自然磬也就不再自鸣作响了。

　　共振应用很广泛，桥梁等建筑物的设计应避免共振造成破坏。地震仪探测地震和一些乐器的制造是利用共振。

磬

　　磬是古代石制的一种打击乐器，为"八音"中的"石"音。甲骨文中磬字左半像悬石，右半像手执槌敲击。磬起源于某种片状石制劳动工具，其形在后来有多种变化，质地也从原始的石制进一步有了玉制、铜制的磬。磬最早用于先民的乐舞活动，后来用于历代帝王、上层统治者的殿堂宴享、宗庙祭祀、朝聘礼仪活动中的乐队演奏，成为象征其身份地位的"礼器"。唐宋以后新乐兴起，磬仅用于祭祀仪式的雅乐乐队。

延伸阅读

奇妙的自鸣钟

三国时期，魏国官殿门前的一口大钟，有一次竟无缘无故地响了起来，吓得满朝文武惶惶不可终日。魏王忙派人前去请教博学多闻的才子张华，张华听后分析说："听说四川最近发生了地震，一定是那里的铜山崩塌产生的巨大声响，同殿前的大钟'鸣应'（共鸣），从而使大钟不敲自鸣了。"不久从四川传来的消息，同张华说得一样。这是我国关于自鸣钟的最早记载。

有趣的是，在自然界还存在着天然的"自鸣钟"。据古书《水经注》记载，在江西鄱阳湖入口处有一座石钟山，山上的"石钟"能自动发出钟一样的声响。宋代学者苏轼曾亲赴当地考察，发现所谓"石钟"，实际上是湖边峭壁上的石洞。由于风浪与石洞相互作用，引起洞腔的共鸣，因此它就发出钟鸣的声音。

会"唱歌"的沙子

在中国，被称为"鸣沙山"的旅游景点有多处，敦煌鸣沙山因其历史文化的久远和景区特色是其中最有代表性的一个，也最为人所熟知。"传道神沙异，暄寒也自鸣，势疑天鼓动，殷似地雷惊，风削棱还峻，人脐刃不平"。这首生动的咏景诗，是唐代诗人对敦煌鸣沙山奇观的描述。

1961年的一天，几位新华社记者来到了新疆塔克拉玛干沙漠。晚上他们在100多米高的沙丘顶上宿营时，突然听到一种高昂而清朗的声音，好像有人在拨弄琴弦。他们好生诧异：在这荒无人烟的地方，怎么会有人弹琴？于是他们循着琴声走去，结果发现声音原来是从沙丘下滑的沙子里发出的。

早在600多年前，意大利著名旅行家马可·波罗，在他撰写的《东方见闻录》一书中，就曾生动记述了他到中国旅行时，在塔克拉玛干沙漠中碰到"会唱歌的沙子"的情景，科学上把这种现象叫做"鸣沙"或"响沙"。

中国AAAA级旅游景区——响沙湾，坐落在中国内蒙古鄂尔多斯境内库布

敦煌鸣沙山

其沙漠东端，可谓是大漠龙头。响沙湾沙高 11 米，宽 400 米，坡度为 45°，地势呈弯月状，形成一个巨大的沙山回音壁。这里沙丘高大，比肩而立，瀚海茫茫，一望无际。响沙湾被誉为"大漠明珠"，是中国最美的沙漠之一。响沙湾旅游景区以其民族风情吸引着游人，篝火晚会、民族舞蹈、骑骆驼、滑沙等特色旅游项目深受游人喜爱。沙山高约 50 米，坡度为 45°左右。顺坡滑落，能听到嘭嘭之声，多人同时滑沙效果更佳。沙鸣多则十多响，少则三五声。相传从前这里有座寺庙，一天夜里狂风骤起、沙石横飞，将寺庙埋在沙漠之中，寺庙被埋后，喇嘛们仍在不停地诵经、击鼓、吹号，所以这里的沙会响，故名"响沙湾"。

我国很有名的响沙，还有内蒙古伊克昭盟达拉特旗的银肯响沙。这里的沙海在定向风的吹拂下，形成坡长 100～120 米，相对高度 60 多米的新月形沙堆。在晴朗干燥的日子里，当人们爬上沙堆顶端顺坡下滑时，沙子随着人体的运动便发出低沉的隆隆声，既像汽车马达响，又似飞机发动机的轰鸣。假如你用双手把沙子使劲一捧，沙子还会像青蛙一样哇哇地乱叫呢！

目前世界上已发现有 100 多处地方有响沙，并且各有各的特色。

日本京都附近的琴引滨，有广阔的大沙滩。当人们在沙滩上漫步时，沙子像一个被人弹奏的钢琴一样，发出美妙动听的乐曲声。

哈萨克斯坦的伊犁河畔，有一座 300 米高的沙山，堪称天然风琴。每当刮风或人下山时，它都会发出悦耳的歌声。

美国夏威夷群岛中考爱岛的纳赫里海滨，连绵起伏着长 800 米、高 18 米的巨大沙丘。这些沙丘是由珊瑚遗体、贝壳和熔岩沙粒组成的，在灿烂的阳光照耀下发着洁白的闪光。当人们踏上这些沙丘时，就会听到脚下的沙子发出"汪汪"的狗叫声，而且沙粒越干燥，声音越大。

那么，响沙是怎样形成的呢？多少个世纪以来人们对其百思不得其解，直到20世纪40年代，世界上才首次有人用科学方法去探究。

国外的科学家对此进行了科学的探究和推测，观点较多，主要有三说：第一种为静电发声说。认为鸣沙山沙粒在人力或风力的推动下向下流泻，含有石英晶体的沙粒互相摩擦产生静电。静电放电即发出声响，响声汇集，声大如雷。第二种为摩擦发声说。认为天气炎热时，沙粒特别干燥而且温度增高。稍有摩擦，即可发出爆烈声，众声汇合一起便轰轰隆隆而鸣。第三种为共鸣放大说。沙山群峰之间形成了壑谷，是天然的共鸣箱。流沙下泻时发出的摩擦声或放电声引起共振，经过共鸣箱的共鸣作用，放大了音量，形成巨大的回响声。

1979年，中国学者马玉明写了一篇名叫《响沙》的文章，提出了新的见解。他认为，响沙的"共鸣箱"不在地下，而是在地面上的空气里边。响沙发出声响，应该有3个条件。第一个条件是沙丘高大陡峭。第二个条件是背风向阳，背风坡沙面还必须是月牙状的。第三个条件是沙丘底下一定要有水渗出，形成泉或潭，或者有大的干河槽。马玉明还提出，由于空气湿度、温度和风的速度经常在变化，不断影响着沙粒响声的频率和"共鸣箱"的结构，再加上策动力和沙子本身带有的频率的变化，响沙的响声也会经常变化。人们有时候在下雨天去看响沙，发现响沙不会发出声响，正是由于温度和湿度的改变，把响沙的"共鸣箱"结构破坏了。比如宁夏中卫县沙坡头的鸣沙山，就是因为周围绿化造林等原因，破坏了共鸣的条件，使得它再也发不出响声了。

塔克拉玛干沙漠

塔克拉玛干沙漠位于中国新疆的塔里木盆地中央，是中国最大的沙漠，也是世界第二大沙漠，同时还是世界最大的流动性沙漠。整个沙漠东西长约

1 000 千米，南北宽约 400 千米，面积达 33 万平方千米。平均年降水量不超过 100 毫米，最低只有四五毫米；而平均蒸发量高达 2 500 ~ 3 400 毫米。塔克拉玛干沙漠的地表是由几百米厚的松散冲积物形成的。这一冲积层受到风的影响，其为风所移动的沙盖厚达 300 米。风形成的地形特征多种多样，各种形状与大小的沙丘均可见到。风形成的最高的地形形式是金字塔形沙丘，高 195 ~ 300 米。在沙漠的东部和中部，以中间凹陷的沙丘和巨大、复杂的沙丘链形成的网为主。

鸣沙山月牙泉风景名胜区

鸣沙山距敦煌市南郊 5 千米，因沙动鸣响而得名。山为流沙积成，分红、黄、绿、白、黑五色。汉称沙角山，又名神沙山，魏晋时始称鸣沙山。其山东西绵亘 40 余千米，南北宽约 20 余千米，沙垄相衔，盘桓回环。其特点是："峰峦陡峭，山脊如刃；马践人驰，殷殷有声；轻若丝竹，重如雷鸣；沙随足落，经宿复初。"这种景象实属世界所罕见。月牙泉处于鸣沙山环抱之中，其形酷似一弯新月而得名。古称沙井，又名药泉，一度讹传渥洼池，清代正名月牙泉。数千年来沙山环泉，泉映沙山，犹如一块光洁晶莹的翡翠镶嵌在沙山深谷中，"风夹沙而飞响，泉映月而无尘"。流沙与泉水之间仅数十米，但虽遇烈风而不被流沙所淹没，地处戈壁沙漠而泉水不浊不涸，这种"沙水共生，山泉共存"的地貌特征，确属奇观。古人有诗唱咏："晴空万里蔚蓝天，美绝人寰月牙泉。银山四面山环抱，一池清水绿漪涟！"

回声的恶作剧

传说古时候有一个赶路人，傍晚在一座山前迷了路，走进了群山环抱的山谷。这时天也黑了，鸟儿也宿了巢，山谷里空荡荡的，十分寂静。他有点发

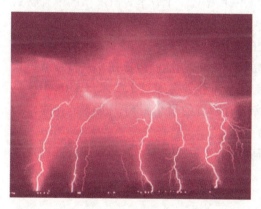

怵，想早点儿离开这个地方。谁知他一跑起来，就听到后面有脚步声紧紧地跟着他。他跑得越快，后面的脚步声也越快，想甩怎么也甩不掉。他害怕极了，不由得大声惊呼："有鬼！有鬼！"就在他呼喊后不久，从山谷四面八方也此起彼伏地传来了同样的呼叫声。由于过度惊吓，他昏倒在了地上。等半夜醒来时，环顾四周，除青山绿树外，什么也没看到。以后人们就把这个山谷叫做"魔谷"。

听了上面的故事，有人一定会问：那个赶路人真的在"魔谷"里遇到魔鬼了吗？当然不是，因为世界上根本就没有什么鬼神。那么，赶路人在"魔谷"里听到的"鬼步声""鬼叫声"又是怎么回事呢？科学家告诉我们，这叫"空谷传声"，是"声音王国"里的一种奇妙现象——回声，跟赶路人开了一个小小的玩笑。

大家知道，把皮球踢在墙上，墙面会把皮球反弹回来；把一束光照射在镜面上，镜面会把光线反照到另外的地方，这种现象叫做反射。声音也能够反射。当声音在传播中遇到高大的障碍物时，它也会像皮球、光线那样被反射回来，这种反射回来的声音就叫做回声。

一个物体发出声音后，一部分直接传入人耳，这是直达声；而另外一部分声音在传播中被远处障碍物反射回来，再传入人耳，这就是回声。由于声音传播需要一定的时间，所以回声传入人耳总是比直达声来得晚。障碍物离开发声物体越远，回声也就来得越迟。夏日雨天雷电引发的声响，由于经过远近不同的云层、山岳、土地的反射，它们的回声从各处先后传入人耳，所以人们听到了连绵不断的隆隆雷声。

雷　电

一个人站在广袤千里的平原上大声呼喊，是听不到回声的，因为在他周围没有产生回声的障碍物。一个人站在高楼林立的大马路上呼喊，由于回声被不绝于耳的喧嚣声所淹没，所以他也同样听不到回声。可是如果一个人站在寂静的山谷中呼喊（或发出其他声响），情况就大不相同了。这时他不仅可以听到响亮的回声，而且由于四周远近不同的山峦传来的回声先后传入人耳，所以他就会感到应声四起，此起彼伏了。上面故事中赶路人在"魔谷"中听到的

"鬼步声""鬼叫声"就是这样产生的。

我们所发出的声音,会被墙壁或各种障碍物弹回来,当声音被弹回我们的耳朵,我们就会听到回音。当声音不用很短的时间通过音源和反射点之间,我们便可清楚地听见回音。否则反射音和发出的声音混在一起,就会造成音的"回响"——譬如在无人的大房间发出声音。

身处周围广阔的场所,而在南方 33 米处有一栋农家。你一拍手,声音就会传出 33 米,到达农家的墙壁,再被反射回来,总共需要多少时间呢?声音往返通过 66 米,需时 0.2 秒钟(音速每秒钟 330 米,$66 \div 330 = 0.2$)。因此,在 0.2 秒钟内,拍手声就会变成回音。这个时间虽然很短,但不致和发出的声音混淆在一起——因此,可以区别而听得清楚。

在 0.2 秒钟的时间内,我们往往可以讲一个音节,所以距离障碍物 33 米时,我们可听清楚每一个音节的回音。但是超过一个音节,所发出的声音就会与回音混淆,而无法听得清楚。

要听两个音节的回音时,障碍物的距离应该多远呢?由于要发出两音节的声音,需时 0.4 秒钟,因此,障碍物的距离,必须能使声音在 0.4 秒钟或更长的时间里往返,才可能有回音。声音在 0.4 秒钟会通过 132 米(330×0.4)。这距离的一半——66 米,是造成两音节有回音的最小距离,也就是和障碍物的最小距离。

相信聪明的读者已经知道,想听到 3 个音节的回音,则与障碍物的距离至少要有 100 米。

音 节

音节是听觉能感受到的最自然的语音单位,有一个或几个音素按一定规律组合而成。汉语中一个汉字就是一个音节,每个音节由声母、韵母和声调 3 部分组成;英语中,音节是读音的基本单位,任何单词的读音,都是分解为一个个音节朗读的。一个元音音素可构成一个音节,一个元音音素和一个或几个辅音音素结合也可以构成一个音节。

延伸阅读

夜晚巷中走为何发出回声

夜晚，一个人在小巷里行走，除了自己的脚步声以外，还会听见一种"咯咯"的声音，好像有人跟着似的，总让人有点提心吊胆，莫名其妙地紧张起来。

其实，你只要懂得了其中的科学道理，就不会再疑神疑鬼的了。人在地面上走时，会发出脚步声，脚步声碰到小巷两侧的墙壁，就像皮球似的被弹回来，形成回声。大白天，人来人往，回声被来来往往行人的身体吸收了，或者被周围的嘈杂声淹没了，因此只能听到单纯的脚步声。

在夜深人静的时候，情形就不同了。这时，人在小巷里走，除了听见自己的脚步声，还能够清晰地听到小巷两侧墙壁反射回来的回声。小巷很窄，脚步声的回声碰到墙壁后，还会继续发生反射，巷子越窄，反射的次数也就越多，这时可以听见一连串"咯咯"的回声，这叫做颤动回声。

海豚的超声导航系统

100多年前，一艘名叫勃利尼耳的渔轮在新西兰海面上迷航，不幸误入了可怕的暗礁群中。船上的人们惊恐万状，一筹莫展。正在这十分危急的时刻，一只灰蓝色的海豚突然出现在船头。只见它摇头晃脑，并绕船身不停地转来转去，似乎有"助人一臂之力"之意。处在绝望中的人们，顿时心中升起了一线希望，他们决定让船只跟在这只海豚后面，绕出暗礁群。果然不出所料，船只顺利地通过了这段危险的地段，走上了安全的航道。

海豚是一种"神秘"的海洋动物，多少世纪以来，在海员和渔民中就流传着许多海豚领航或救人的动人故事。那么，海豚到底是一种什么动物？它在海洋中又是怎样运动的呢？科学家对此进行了深入的研究。

海豚外形像鱼，但却是一种哺乳动物，属鲸类家族中的成员。海豚的头脑

ZIRAN DE YUNLV

发达，如果按脑重占体重的百分比来衡量动物智慧程度的话，它的智力仅次于人，比猩猩、猴子还聪明。有人试验，一种猴子需要经过几百次训练才学会的本领，海豚大约只要20次就掌握了。

海豚的视觉很弱，而且没有嗅觉器官，它在海洋中生活和运动，完全靠的是声音的发射和接收。海豚有一个理想的声音发射器官，这就是位于头部的一个具有瓣膜的气囊系统。当海豚浮出水面呼吸时，瓣膜打开，空气进入气囊之中。需要发声时，瓣膜关闭，用力挤压气囊，使里面的空气冲出，气流擦过瓣膜边缘使之振动，便会发出声音来。海豚的头部有一个脂肪瘤，很像聚光用的透镜，它能把声音聚焦成束，像光线一样把声音发射出去。海豚能发出两种不同的声音：一种是吱吱声或呼哨声，这是与同类联系或交换信息的信号；另一种是一连串快速的弹拨声，这是用来发现和识别目标的。海豚发出的声音频率非常宽，大约在20万至30万赫之间。不过用来搜索捕猎物和发现障碍物的声音，主要是高频声，特别是超声。

海豚也有接收声音的"耳朵"，这就是它的下颚。海豚的下颚与陆上的哺乳动物不同，其骨腔内充满一种脂性物质，由下颚一直伸展到内耳的听觉器官，这种结构能起到增强和传导声波的作用。

海豚在海洋中运动时，每秒钟从气囊中发出1～800个超声脉冲来。当脉冲信号碰到目标后，反射回来并被"耳朵"所接

海　豚

收。根据回声的情况的不同，海豚就能判断出目标的性质、距离、形状和大小。这就是海豚一套完善的超声导航系统。

海豚的超声导航能力是惊人的。人们把海豚的双眼蒙住，拿一条真鱼和一条同样形状和大小的塑料"鱼"，相隔一定的距离放入池中，并且不时交换，结果发现它总是游向真鱼，而对假鱼不屑一顾。海豚在海洋中能轻而易举地探测到几千米之外的鱼群，同时能避开近在咫尺只有头发般粗的导线。

　　人们从对海豚的超声导航的研究中受到很大启迪。长期以来，人类对深不可测的海洋知之甚少。原因是海水对光和无线电波吸收得很厉害。因此，通过光直接来观察海洋是不可能的，用各种无线电设备探测海洋也宣告无效。直到20世纪出现了超声侦察装置后，人们才真正有可能来研究海洋、了解海洋。超声侦察装置的工作原理和海豚的超声导航系统差不多，主要工作部分都是一个超声发射器和一个回声接收器。但直到今天，人们研制的超声侦察装置的性能，包括它的灵敏度、作用距离、可靠性以及抗干扰能力，都无法同海豚的超声导航系统相比。所以，进一步深入研究海豚的超声导航系统，将有助于改进人类现有的超声侦察装置的结构，提高其工作性能和工作效果。

无线电波

　　无线电波是指在自由空间（包括空气和真空）传播的射频频段的电磁波。无线电技术是通过无线电波传播声音或其他信号的技术。无线电技术的原理在于，导体中电流强弱的改变会产生无线电波。利用这一现象，通过调制可将信息加载于无线电波之上。当电波通过空间传播到达接收端，电波引起的电磁场变化又会在导体中产生电流。通过解调将信息从电流变化中提取出来，就达到了信息传递的目的。

延伸阅读

海豚智商高

　　海豚脑部发达不逊于灵长类。从解剖学的角度来看，海豚的脑部非常发达，不但大而且重。海豚大脑半球上的脑沟纵横交错，形成复杂的皱褶，大脑皮质每单位体积的细胞和神经细胞的数目非常多，神经的分布也相当复杂。例

如，大西洋瓶鼻海豚的体重250千克，而脑部重量约为1 500克（这个值和成年男性的脑重1 400克相近），脑重和体重的比值约为0.6，这个值虽然低于人类的1.93，但却超过大猩猩或猴类等灵长类。

海豚能按照人的意志做出各种难度较高的杂技表演动作，显然是一种相当聪明的海中动物。根据观察野生海豚的行为以及海豚表演杂技时与人类沟通的情形推测，海豚的适应及学习能力都很强；但目前尚无法证明海豚运用语言或符号进行抽象的思考。不过即使没有科学上的确凿证据，也不能就此认为海豚没有抽象思考能力。

从"蝙蝠实验"说开来

1793年夏季的一个夜晚，意大利科学家斯帕拉捷走出家门，放飞了关在笼子里做实验用的几只蝙蝠。只见蝙蝠们抖动着带有薄膜的肢翼，轻盈地飞向夜空，并发出自由自在的"吱吱"叫声。斯帕拉捷见状，感到百思不得其解，因为在放飞蝙蝠之前，他已用小针刺瞎了蝙蝠的双眼，"瞎了眼的蝙蝠怎么能如此敏捷地飞翔呢？"他下决心一定要解开这个谜。

在进行这项实验之前，斯帕拉捷一直认为：蝙蝠之所以能在夜空中自由自在地飞翔，能在非常黑暗的条件下灵巧地躲过各种障碍物去捕捉飞虫，一定是由于长了一双非常敏锐的眼睛。他之所以要刺瞎蝙蝠的双眼，正是想证明这一点。可事实却完全出乎他的意料之外。

意外的情况更激发了他的好奇心。"不用眼睛，那么蝙蝠又是依靠什么来辨别障碍物，捕捉食物的呢？"于是，他又把蝙蝠的鼻子堵住，放了出去，结果，蝙蝠还是照样飞得轻松自如。"奥秘会不会在翅膀上呢？"斯帕拉捷这次在蝙蝠的翅膀上涂了一层油漆。然而，这也丝毫没有影响到它们的飞行。

最后，斯帕拉捷又把蝙蝠的耳朵塞住。这一次，飞上天的蝙蝠东碰西撞的，很快就跌了下来。斯帕拉捷这才弄清楚，原来，蝙蝠是靠听觉来确定方向，捕捉目标的。

斯帕拉捷随后又做了4次实验，证明了他的判断是正确的。于是他公布了自己的新发现，立即引起了人们的浓厚兴趣。从此，许多科学家进一步研究了这个课题。最后，人们终于弄清楚：蝙蝠是利用"生物波"在夜间导航的。

蝙蝠在飞行的时候，喉内能够产生生物波，生物波通过口腔发射出来。当

蝙 蝠

生物波遇到昆虫或障碍物而反射回来时，蝙蝠能够用耳朵接收，并能判断探测目标是昆虫还是障碍物，以及距离它有多远。人们通常把蝙蝠的这种探测目标的方式，叫做"回声定位"。蝙蝠在寻食、定向和飞行时发出的信号是由类似语言音素的生物波音素组成的。蝙蝠必须在收到回声并分析出这种回声的振幅、频率、信号间隔等的声音特征后，才能决定下一步采取什么行动。

靠回声测距和定位的蝙蝠只发出一个简单的声音信号，这种信号通常是由一个或两个音素按一定规律反复地出现而组成的。当蝙蝠在飞行时，发出的信号被物体弹回，形成了根据物体性质不同而有不同声音特征的回声。然后蝙蝠在分析回声的频率、音调和声音间隔等声音特征后，决定物体的性质和位置。

蝙蝠大脑的不同部分能截获回声信号的不同成分。蝙蝠大脑中某些神经元对回声频率敏感，而另一些则对两个连续声音之间的时间间隔敏感。大脑各部分的共同协作使蝙蝠作出对反射物体性状的判断。蝙蝠用回声定位来捕捉昆虫的灵活性和准确性，是非常惊人的。有人统计，蝙蝠在几秒钟内就能捕捉到一只昆虫，一分钟可以捕捉十几只昆虫。同时，蝙蝠还有惊人的抗干扰能力，能从杂乱无章的充满噪声的回声中检测出某一特殊的声音，然后很快地分析和辨别这种声音，以区别反射音波的物体是昆虫还是石块，或者更精确地决定是可食昆虫，还是不可食昆虫。

当2万只蝙蝠生活在同一个洞穴里时，也不会因为空间的生物波太多而互相干扰。蝙蝠回声定位的精确性和抗干扰能力，对于人们研究提高雷达的灵敏度和抗干扰能力，有重要的参考价值。

科学家进一步的研究还发现，蝙蝠"超声定位"的本领是相当惊人的。例如，它在黑夜里平均每分钟能捕获10个蚊虫，并且能避开直径0.5毫米的电线；特别奇妙的是，它在密不透光的山洞中，并不受大风大雨的声音和其他蝙蝠的声音干扰，在外界噪声比信号强2 000倍的情况下，也辨别得出从蚊虫身上返回来的回声。这一点，连现代最先进的无线电定位装置，也望尘莫及。当前，科学家正模仿蝙蝠的定位系统，研制一种新的雷达抗干扰装置。这种装置一旦被研制成功，它必将在国防侦察和天文、气象观测中发挥巨大的作用。

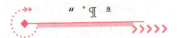

斯帕拉捷

斯帕拉捷（1729～1799）是意大利著名的博物学家、生理学家和实验生理学家。1744年中学毕业后进入勒佐—艾米里亚耶稣神学院，学习语言学和哲学。1749年转入著名的波伦亚大学学习法律。他的堂姐芭西是一位杰出的妇女，在波伦亚大学任物理学和数学教授，在堂姐的引导下，斯帕拉捷对自然科学产生了浓厚兴趣，从而转学自然科学。1753年他取得博士学位。此后不久，教会任命他为牧师。1760年成为神父。教会的经济支持，保证了他在自然科学方面展开了广泛的探索。他在动物血液循环系统、动物消化生理、受精等方面都有深入的研究，他的蝙蝠实验，为"超声波"的研究提供了理论基础，此外，他还是火山学的奠基者之一。

延伸阅读

各种动物发出的超声

秋后的夜晚，凉风习习，清爽宜人。劳累一天的人们，从地里回家休息了；奔波一天的鸟儿，疲倦归巢了。空荡荡的田野里，除草丛中的秋虫在低声吟唱外，四下里静悄悄的，显得格外的沉寂、宁静。

夜晚真的是十分寂静的吗？不是。有人趁黑夜带着灵敏的超声接收器，来到偏僻的荒野里，发现这里可"热闹"啦。他"听到"自然界的许多小动物，有的在引吭高歌，有的在谈情说爱，有的在嬉闹斗殴，有的在窃窃私语……原来这里也是一个"喧闹"的世界，多少生命在用人耳听不见的声音和"语

ZIRAN DE YUNLV

言"，编织着欢腾、活跃的生活。

很早科学家就发现，一些昆虫能够发出人耳听不见的超声。蟊斯是人们最早发现的一种会发超声的昆虫。这种昆虫身上有一种特殊的发声器，它能连续不断地发出可听声和 11 万赫的超声来。蜜蜂也是一种能发超声的昆虫，它除了能发出几百赫的嗡嗡声外，还能发出 2 万至 2.2 万赫的超声。蜜蜂没有单独的发声器官，它的声音是靠翅膀摩擦发出来的。此外，蟋蟀、蚱蜢、纺织娘等昆虫也都能发出不同频率的超声来。

动物异常与次声

1902 年 4 月下旬，位于西印度洋群岛中的马提尼克岛，出现了一种不同寻常的现象。许许多多长年生活在原始森林、荒漠草原或沼泽地边的野生动物，突然成群地离开了繁衍生息的故土，来到了海边甚至人烟密集的地方；大量的鸟儿在树林中飞上飞下，惊叫不已，显得格外焦躁不安；许多老鼠大白天也纷纷出洞，四处逃窜，好像受到惊吓一样。更令人奇怪的是，那些历年长途跋涉而来，把该岛当作中间休栖地的候鸟，也一反常态，不稍停留，径直飞向目的地。自古以来，人们就把动物表现出来的异常行为，认为是一种不祥之兆。所以当人们发现马提尼克岛动物异常现象后，立即很自然地联想到是不是将有大难降临。事情果然不出所料，就在这以后的半个月，也就是 5 月 8 日那天，岛上轰隆一声巨响，历史上有名的"培雷火山喷发"发生了。

培雷火山

其实，不仅火山爆发前动物出现异常，就是在大地震发生前，人们也经常观察到动物异常反应。据史书记载，我国唐代一次大地震发生前，就曾出现过"鼠聚朝廷市衢中而鸣"的现象。1815 年，山西平陆县发生地震，县志上就有"牛马仰首，鸡犬声乱"的震前动物异常反应的文字描述。在民间流传的关于震前动物异常现象就更多了，如老鼠出洞、鸡飞上树、牲畜不进厩、鱼跳出水等。据说，1975年2月我国营口地震发生前，尽管天气异常寒冷，冬眠的蟒蛇、青蛙还是纷纷爬出洞来，结果它们一出洞立即就被冻僵了。

另外，在海上风暴到来之前，一些海鸟和海洋动物也常常表现出异常反应。长期生活在海边的老渔民都有这样的经验，如果筑巢在海岸上的鸟类，一大早就飞向大海，则预示傍晚没有强风；若它们徘徊在海岸不肯远离，便是风力不久便要加强的先兆；当大批海鸟急匆匆从海上飞回海岸，浮游在海面上的水母和鱼类也纷纷潜入海底时，则预示着强大的风暴即将来临。

为什么一些自然现象发生前，许多动物会表现出异常反应呢？很多人推测，可能是这些现象事前发出了某种人耳不易觉察的信号，使它们受到惊扰的缘故。但是，这种信号究竟是什么，人们却一直没有搞清楚。自从发现各种自然现象都能发出人耳听不见的次声之后，人们很自然地把它同动物异常联系起来。有人曾经做试验，证实很多动物具有接收次声波的能力，并且反应十分灵敏。例如，据观测，海中的水母可以"听到"8~13赫的次声，各种鱼类可以听到1~25赫的次声和低频声，而这都在海上风暴产生的次声频率范围之内。很显然，这说明动物异常与猛烈的自然现象发生前辐射的强大的次声有关。

马提尼克岛

法国的海外大区，位于安地列斯群岛的向风群岛最北部，岛上地势起伏，除中部和沿海有平原外，多为火山区，与背风群岛比较，显著的多岩石。它的海滩（由黑或白或椒盐色的砂子组成）由甘蔗、棕榈树、香蕉和菠萝等植物围绕着。哥伦布称其是世界上最美丽的"国家"。其最高峰培雷火山海拔1397米，1902年，培雷火山爆发，几分钟内造成约3万人丧生，仅2人生还，同时毁灭了当时马提尼克岛的最大城市圣皮埃尔。马提尼克居民克里奥尔人还保留着传统的民俗习惯，催长身高的传说更使得该岛充满了神秘色彩。

延伸阅读

次声传感器

　　次声传感器，就是能够接收次声波的传声器。通常有多种换能类型的传感器可用作次声波传感器，只要有足够低的下限频率。目前它的种类很多，常见的有：电容式、波纹管膜盒型、光纤等。其中以电容式的体积小、灵敏度高、频率响应好，可以直接与记录器或信号实时模/数转换器联结，使用方便。目前，国内多数次声观测站采用电容式次声传感器。现在这种电容式次声传感器已在冰雹预报、地震次声预报及地球物理等研究领域中多有使用。其他类型的传感器普遍存在的问题是，灵敏度低、频率响应不佳以及装置笨重等。例如，电动型的次声传感器是质量控制，其频率下限由质量决定，为得到足够低的下限频率，就要求振动系统有足够大的质量和顺性，这样系统必然就很笨重。

养心益智妙乐
YANGXIN YIZHI MIAOYUE

编钟演奏的乐曲为什么悦耳动听，木棍敲石头的声响为什么不好听？除了声强和声调的区别之外，各种声音还有什么不同呢？

古琴家在琴室的地下埋一口大缸，缸里还挂上了一口铜钟，在缸上弹琴，他为什么要这样做呢？精通音律的蔡邕为什么对烧焦的桐木情有独钟呢？

琳琅满目的乐器能奏出各种优美的音乐，有的婉转悠扬，有的舒徐疾促，有的轻拢慢拈，有的激越昂扬。这是为什么？

现在音乐疗法比较普遍，为什么音乐能治病呢？音乐胎教为什么能造就神童呢？科学家爱因斯坦说过："我的科学成就很多是从音乐启发而来的"，这是什么道理呢？

这一个个问题，随着你对本章的阅读，将会迎刃而解，一一得到答案。

乐曲动听之谜

编钟演奏的乐曲为什么悦耳动听，木棍敲石头的声响为什么不好听？除了声强和声调的区别之外，各种声音还有什么不同呢？

找一把口琴，再找一只笛子，分别用它们吹出 C 调"多"。你会听出，口琴和笛子的声音是不同的。

是的，不同的乐器即使鸣奏同一个音阶，依然有区别：大提琴深厚低沉，小提琴纤柔悠扬，笛子清脆婉转，军号激昂嘹亮……

不同的人即使演唱同一首歌，说同一句话，人们仍然能区分出每个人的声音。

原来，不同的声源发出的声音具有不同的品质，这种品质我们叫它音品或音色。

据分析，除了音叉，绝大多数声源发出的声音都不是单独一种频率的纯音，而是以一种频率为基础，伴随其他频率的复合音。例如，小提琴琴弦做500赫振动时，除了发出500赫的声音以外，还有许多较弱的声音，这些声音的频率都是500赫的倍数。在复合音中，那声音最强、频率最低的音叫基音，那些伴随基音的，频率是基音频率整数倍的叫泛音。基音决定声音的音调，泛音影响声音的音色。泛音的振幅总是小于基音，泛音也叫谐音。

你听过钢琴和黑管的演奏吧？如果钢琴和黑管的基音都是100赫，那么钢琴发出的声音包含着16个谐音，而黑管只有10个谐音，它们的音品当然不同了。

把你自制的纸盒六弦琴拿来，往纸盒里放些砂子，再去弹一弹，你会听到六弦琴的音品变了。

弹　钢　琴

把你的"锯条琴"插到门框的缝隙中，让它露在外边的长度仍保持原长，它的频率是没有变化的。弹一弹，你会听到，它的音色和插在抽屉上的时候不同了。

乐器的音色决定于乐器的发音方法、各部分的质料、结构和各种附件的配合方式，演奏技巧对音色也有影响。

胡琴能发出美妙的声音，不但和弦有关，而且和它的蛇皮筒很有关系。把二胡的蛇皮换成桐木板，音色会完全改变，它既不像二胡，又不像板胡，就是因为膜面的质料不同的缘故。把钢琴的音板去掉，音色就会变得单调、郁闷。

每个人的音色都是由他的身体决定的，听话听音，根据不同的音色就能辨别是谁在说话。现代化的分析仪器能按频率把各种声音描绘成"声纹"，利用这种声纹就可以从人群中找出某个特定的人。专家们正在研究这一发现，不久的将来，也许可以用"声纹"来破案呢！

音调、响度和音色是构成声音的三要素，千变万化的声音都是由这三要素构成的。如果我们掌握了每种声音的三要素，就能制造出各式各样的音响效果了。

1980 年 11 月初，首都文艺界 150 多位声效专家在首都剧场排演厅聆听了一台特殊的表演——表演者是一个长方形的扁木盒。这奇特的盒子居然发出了各种各样的声音：风雨声、雷鸣声、车辆奔驰声；猫叫、犬吠、马嘶、狼嗥、蝉鸣、狮吼；百灵鸟的歌声、哨鸽的飞响、青蛙的鼓噪、小溪潺潺、大海咆哮；火箭发动、火车过桥……更有趣的是，它还发出了我们从来没有听到过的"非自然声效"，听到这种声音，人似乎进入了神奇的太空世界。

这个奇特的盒子就是我国科技工作者制作的电子合成器。

任何一种声音都具有自己的波形。例如，单簧管的声音在示波器上显示出的是方形波，小提琴的声音是锯齿波……这些波形是合成器制造乐音的基础。电子合成器由一大串电子器件和设备组成，通过电压的变化来控制频率、音色、响度等等。现代先进的电子合成器是由电子计算机控制的，它还可以自己作曲呢。

ZIRAN DE YUNLV

胡　琴

　　胡琴，蒙古族弓拉弦鸣乐器。古称胡尔。蒙古族俗称西纳干胡尔，意为勺子琴，简称西胡。元代文献称其为胡琴。汉语直译为勺形胡琴，也称马尾胡琴。其历史悠久，形制独特，音色柔和浑厚，富有草原风味。可用于独奏、合奏或伴奏。流行于内蒙古自治区各地，尤以东部科尔沁、昭乌达盟一带最为盛行。唐宋时期的胡琴曾传入朝鲜。

延伸阅读

《月光奏鸣曲》赏析

　　《月光奏鸣曲》是贝多芬的经典乐曲之一，分为3个乐章：

　　第一乐章，持续的慢板，升c小调，2/2拍子，三部曲式。为奏鸣曲形式的幻想性的、即兴性的柔和抒情曲。一反钢琴奏鸣曲的传统形式，贝多芬在本曲的首乐章中运用了慢板，徐缓的旋律中流露出一种淡淡的伤感。

　　第二乐章，小快板，降D大调，3/4拍子，三部曲式。贝多芬在这一乐章中，又一次"反其道而行之"，改变了传统钢琴协奏曲中一向作为慢板乐章的第二乐章，而采取了十分轻快的节奏，短小精悍而又优美动听的旋律与第一乐章形成鲜明的对比。本乐章起到了十分明显的"承前启后"作用，第一乐章与第三乐章在此衔接得非常完美。

　　第三乐章，激动的急板，升c小调，4/4拍子，奏鸣曲式。本乐章拥有精巧的结构与美妙的钢琴性效果和充实的音乐内容，急风暴雨般的旋律中包含着各种复杂的钢琴技巧，表达出一种愤懑的情绪和高昂的斗志。直到全曲结束之前，还是一种作"最后冲击"的态势。

"缸"琴与纸盒琴

明代的《长物志》一书记载说，当时有的古琴家在琴室的地下埋一口大缸，缸里还挂上了一口铜钟，在缸上弹琴，那琴声尤其洪亮悦耳。

"缸"琴的秘密也为演戏的人所注意，我国古代剧场的舞台下常常要埋几口缸。北京故宫畅音阁下，挖有 5 口井，舞台上发出的"畅音"洪亮而圆润，有余音绕梁的效果。

找一个空木盒或空纸盒，拿一台袖珍式半导体收音机，把收音机打开，先让它在地面上唱歌，再让它"站"在空盒子上唱歌，你会发现，后者的歌声常常比前者优美动听，声音响亮。

拿嘀嗒作响的小闹钟也可以做这个实验：把小闹钟放在空纸盒上，它的嘀嗒声就会加强。这个道理很简单：小闹钟的嘀嗒声引起了盒子里空气的振动，使声音加强了。

缸上弹琴就是利用共鸣来加强演奏效果的，那缸就是一种共鸣器，也可以叫做共鸣箱。

扬琴上有许多琴弦，打击不同的琴弦便能奏出变化多端的乐曲来，它的音调是怎样变化的呢？让我们做个纸盒六弦琴，研究一下琴弦的秘密。

找一个结实的小纸盒子，再找 6 根皮筋，把皮筋一根根地套在小纸盒上，让它们相互间保持相等的距离。裁一张硬纸，折成一根长的三棱柱，放在 6 根皮筋下边，把皮筋支起来。再做 6 个小三棱柱当"码子"，依次卡到六根弦下，使六根弦长短不一。用手指弹一弹，你会听到六根弦发出不同的音调。适当移动"码子"，可以弹出几个标准音，把"码子"粘牢，就能弹出优美的乐曲了。如果盒子过大，也可以把橡皮筋剪断，用图钉或穿孔打结的办法固定到纸盒的两侧。

仔细观察一下你的六弦琴，你会看出，这 6 根弦振动部分的长短不同，而且紧张程度也很不同。音调高的，皮筋的振动部分又紧又短；音调低的，皮筋就比较长而且松。可见，皮筋振动的频率和它的长度、松紧程度有关系。

琴弦长度和音调的关系早就引起了人们的注意。我国战国时期就有"大弦小声，小弦大声"的记载。古希腊的数学家毕达哥拉斯，专门对琴弦做了研究。他发现，琴弦的长度符合数学规律时，琴就能发出和谐美好的声音。

毕达哥拉斯用的是三弦琴。他计算出，当3根弦的长度适合下列比例式时，琴声最和谐：

1∶(4/5)∶(2/3)

也就是说，第一根弦的长度是1，第二根弦的长度是4/5，第三根弦的长度是2/3。

找一个纸盒（木盒、铁盒也可以）、一支铅笔头、一段小线、一点松香和一把尺子。在盒的一侧开一个小孔，让小线穿进去，在盒里拴上铅笔头，用松香擦擦小线，让它跟胡琴的弦那样变涩。把盒子放好或请一位同学拿住它，你用一只手拉紧小线，另一只手拿着尺子在小线上摩擦。听！你的胡琴发出了声响。改变小线的长度和松紧状况，胡琴的音调也就随之发生了变化——可惜，它的声音并不优美。

胡琴

各种乐器都有共鸣器，我们自己动手做的纸盒六弦琴也不例外。那个空纸盒就是共鸣器。皮筋振动后，引起盒内空气的共鸣，加强了乐器的声响。

用两个手指撑开一个皮筋，用另一只手去弹它。你会感觉到皮筋在剧烈地振动，但是，它并没有发出较强的声音。同样是这根皮筋，把它套在纸盒上，就成了"纸盒琴"。

拿一把调好弦的胡琴，拉几下，听听有多响。然后把胡琴上的琴码取下来，换上一支能横跨琴筒的直木棍。木棍不能压着琴筒的蒙皮。再拉几下，听！那声音弱多了。如果请一位同学去摸蒙皮，他就会发现，有琴码时蒙皮振动得很强，用木棍隔开时，蒙皮振动得很弱。

琴弦是琴的发声体，它们通过弹拨或摩擦而振动发声。但是弦很细，与周围空气的接触面积很小，它再强烈地振动，也扰动不了多少空气，所以它发出

ZIRAN DE YUNLV

的声音不会很强。把弦的振动通过琴码传给蒙皮，再引起腔体里空气的振动，情况就不同了。蒙皮与空气的接触面很大，蒙皮一振动能扰动许多空气，这样就把声音"放大"了。琴码是不可缺少的角色，被人称为"声桥"。胡琴下边的蒙皮和腔体，被人们称为"共鸣箱"。其实，它的放大作用并不都是依靠共鸣达到的，从物理学角度来分析，只有当共鸣箱体的固有频率和弦的频率合拍时，才能发生共鸣。

当然，有些乐器的共鸣箱确实是靠共鸣作用来放大声音的。清脆悦耳的木琴，每个音条下边都有个共鸣筒，筒内的空气柱和相应的音条发生共鸣，敲打起来能收到"大珠小珠落玉盘"的奇妙效果。

不光乐器需要共鸣箱，许多音响设备都需要类似的助音箱。

畅 音 阁

　　畅音阁为清宫内廷演戏楼，全称故宫宁寿宫畅音阁大戏楼，位于故宫博物院内养性殿东侧，宁寿宫后区东路南端，坐南面北，建筑宏丽。乾隆三十七年（1772）始建，乾隆四十一年（1776）建成。嘉庆七年（1802）曾维修，二十二年于阁后（南）接盖卷棚顶扮戏楼。光绪十七年（1891）维修。畅音阁为紫禁城中最大的一座戏台，与京西颐和园内的德和园大戏楼（仿畅音阁规制建造）、承德避暑山庄的清音阁大戏楼并称清代三大戏楼。

延伸阅读

世界上最早的共鸣实验

　　春秋时期有一个叫鲁遽的人，是一位琴师。有一次，他在众人面前做了一次有趣的"调瑟（瑟，是一种25弦古乐器）"表演。他把一个已定好弦的瑟，放在一间清静的屋里，自己在另一间相邻又相通的屋里调另一个瑟的弦。当他调出"1"（多）音时，另一个瑟所有的"1"弦都动起来，发出"1"音；调出了"3"（米）音时，另一个瑟的"3"弦都动起来发出"3"音；如果调出的音和另一个瑟的任一弦音都不相合时，另一瑟的25根弦全动起来。在场的人看后无不感到惊讶。

载于《庄子》的这个故事，是我国最早的关于共鸣现象的记述，同时故事中的鲁遽也可以说是世界上第一个做共鸣实验的人。

金奖小提琴

琳琅满目的乐器能奏出各种优美的音乐，有的婉转悠扬，有的舒徐疾促，有的轻拢慢拈，有的激越昂扬。这是为什么？

观察各种胡琴：二胡、板胡、京胡、四胡，你会发现它们的共鸣箱形状很不相同；观察各种提琴：小提琴、中提琴、大提琴、倍大提琴，你更会发现它们的共鸣箱大不一样。

各种乐器发出的声音具有不同的音色，和它们各自的共鸣箱不同有极大的关系。胡琴就是那么两根弦，由于共鸣箱的不同，拉起来效果也就不一样了。

把嘀嗒响的小闹钟放在大小不同的各种盒子、箱子、罐子上，仔细听那嘀嗒声，你会听出它们略有不同。

乐器的共鸣箱不仅有放大作用，而且兼有改善乐器音色的作用。琴弦振动，琴匣除了随弦的频率振动之外，还发出泛音，并且改变原来弦的基音和各个泛音之间的强度比。例如音箱的固有频率在低音范围，演奏到某些音调时，由于共鸣的作用，泛音可以很强，使音色优美动听。从这个角度来看，它真不愧是"共鸣箱"。

1980年11月，在美国纽约举行了第四届国际提琴制作比赛和展览会。世界各国的提琴制作家和演奏家聚集在一起，对参加比赛的304件提琴进行评审。我们中国第一次参加这个比赛，但是，我国广东乐器厂生产的"红棉"牌小提琴在评比中名列前茅，获得了音色金牌！

中国小提琴得到金牌，使许多国家为之震惊。小提琴是西方乐器，诞生在

意大利。著名的意大利古代提琴制作家斯特拉第瓦利制作的小提琴音质优美，300年来西方各国的大师一直在模仿这种意大利古琴，奇怪的是，无论模仿得多么惟妙惟肖，在音响效果上总是大为逊色。

我国制作和研究小提琴是在新中国成立以后才开始的。我国的科研人员在20世纪50年代末就利用电声技术对小提琴进行测试。1975年以后又应用最新的全息摄影技术对小提琴进行研究，对共鸣箱琴板材料的弧度和厚度的变化规律有了较深刻的认识。"红棉"牌小提琴的主制者陈锦农在严格模仿意大利古琴的基础上，使我国的小提琴工艺细致

"红棉"牌小提琴

工整，线条丰满流畅，音质华丽豪放，音响均匀，远传力强，达到了高水准。国外报刊在评论中国小提琴获金牌时说："虽然不会有另一个比得上A·斯特拉第瓦利制琴大师了，但是谁知道在像中国这样的地方会出现什么奇迹呢？"

1983年7月，我国北京提琴厂制作的小提琴，又在德国提琴协会举办的首届卡赛尔国际制作比赛中获得了音质金奖。

奇迹是否还会不断发生呢？

是的，在中国还会出现奇迹。中国不但要有像"缇室"那样的古代奇迹，更要有像金奖小提琴这样的当代奇迹。这些奇迹的创造，必须依靠科学，依靠掌握科学的人，依靠那些不怕艰险勇于创新的人！

不光是小提琴需要考究的琴箱，收音机的喇叭也必须有合适的匣子。

找一台半导体收音机，把它的匣子去掉，让那喇叭唱歌，你听，那音色差多了，音量也弱多了。

小 提 琴

现代小提琴的出现已有300多年的历史了，也是自17世纪以来西方音乐中最为重要的乐器之一。其制作本身是一门极为精致的艺术。小提琴音色优美，接近人声，音域宽广，表现力强，从它诞生那天起，就一直在乐器中占有显著的地位，为人们所宠爱。如果说钢琴是"乐器之王"，那么小提琴就是乐器中的"王后"了。

小提琴由30多个零件组成。其主要构件有琴头、琴身、琴颈、弦轴、琴弦、琴马、腮托、琴弓、面板、侧板、音柱等。小提琴共有4根弦，分为：1弦（E弦），2弦（A弦），3弦（D弦）和4弦（G弦）。

延伸阅读

小提琴协奏曲

小提琴协奏曲是音乐体裁的一种。协奏曲在16世纪指意大利的一种有乐器伴奏的声乐曲。17世纪后半期起，指一件或几件独奏乐器与管弦乐队竞奏的器乐套曲。巴罗克时期形成的由几件独奏乐器组成一组与乐队竞奏者称为大协奏曲。古典乐派时期形成的由小提琴、钢琴、大提琴等一件乐器与乐队竞奏的协奏曲称"独奏协奏曲"。可有单乐章奏鸣曲式如《梁祝》，亦可有多乐章的古典四大小提琴协奏曲，它们被称为世界四大小提琴协奏曲：德国作曲家贝多芬的D大调小提琴协奏曲、俄罗斯作曲家柴可夫斯基的D大调小提琴协奏曲、德国作曲家约翰奈斯·勃拉姆斯的D大调小提琴协奏曲和德国作曲家门德尔松的e小调小提琴协奏曲。

美妙的音乐之声

人类自古以来就喜欢音乐。远古时代，每当作物收获的季节，人们就用鼓乐齐鸣、载歌载舞来庆祝五谷丰登。春秋时期，孔子因在齐国听了一首名叫《韶乐》的乐曲，竟陶醉得3个月不知肉味。在今天，人们更是离不开音乐了，它已经成了人们精神生活的重要组成部分。

人们之所以这样喜爱音乐，是因为它悠扬悦耳，优美动听，能给人以美感。

人们刚学唱歌的时候，首先要学1（多）、2（来）、3（米）、4（发）、5（嗦）、6（拉）、7（西）。这就是最基本的乐音，一切音乐都是由它们组成的。乐音是音乐的基石。

从1（多）到7（西），音调越来越高，乐音音调的高低叫做音高。音高是由发声频率决定的，它们之间有一定的规律。

音乐是由一个个乐音组合而成的，这些乐音是发声体有规律振动所产生的。但有规律的声音并不都是乐音，像实验室里音叉发出来的声音、钟表走动时的嘀嗒声，也都是有规律的，但它们不是乐音。乐音和它们的不同之处就在于乐音具有音调（音的高低）、响度（音的强弱）和音色（泛音丰富）3个基本特征。因此乐音听起来不但有规律，而且有韵味。我们在歌唱或演奏乐器时看到的乐谱，上面标识的各音都是乐音。这些乐音都各有确定的振动频率，如C调中的"1"（多）音，它的振动频率为256赫，而"2"（来）音的振动频率则为288

音乐之声

赫，等等。两个乐音的频率之间，都还成整数的比例，称为音程。例如，C调中的"2"和"1"之间的音程为288：256＝9：8，"3"和"2"的音程为320：288＝10：9，"3"和"1"的音程为320：256＝5：4，等等。如果一个音的频率为另一音频率的2倍，则称为倍音程，也称八度音程。如C调中的"i"（高多）和"1"的音程为512：256＝2：1，即为倍音程。倍音程的两个音听起来"调"都是一样的，不过一个音比另一个音高了八度。一个倍音程中，包含有7个音，如果按它们的频率由小到大按次序排列起来的话，音调一个比一个高，好像一列音的"台阶"一样，因此称为音阶，或叫七声音阶（见下表）。

阶 名	C	D	E	F	G	A	B	C
简谱中的符号	1	2	3	4	5	6	7	i
唱音	多	来	米	发	嗦	拉	西	多
频率	256	288	320	341.3	384	426.7	480	512
与第一音间的音程	1	9/8	5/4	4/3	3/2	5/3	15/8	2
与前一个音间的音程	9/8	10/9	16/15	9/8	10/9	9/8	16/15	

音乐中常用的乐音的频率变化范围为50～5 000赫，将近7个倍频程呢！

当然，并不是把一个个乐音简单地连缀起来，就能成为优美动听的音乐的。相反，音乐家为了创作一部音乐作品，必须对所用的乐音进行精心的挑选和合理的安排。音乐家深知，每个乐音都具有各自的音乐特性：高音激越，低音深沉；强音高亢，弱音柔和；音长悠扬，音短明快……他们要根据作品表达的思想感情，从各个乐音中挑选出自己最需要的，然后把它们有机地组织起来，形成一个完美和谐的艺术整体，使它不仅有音的高低和强弱的变化，而且有明晰的节奏和优美的旋律。这样，人们听起来抑扬顿挫，婉转悦耳，自然就会产生一种美的感受。

在现代音乐创作中，音乐家为了丰富音乐的表现力和感染力，还把乐音之间的和谐关系，运用到作品当中去。人耳有一个特点：当同时听到的2个乐音或3个乐音，它们的频率成小整数之比时，听起来格外和谐，否则就不和谐。例如，C调中的"1"和高音"i"两音的频率之比为256：512＝1：2，"1"和"5"频率之比为256：384＝2：3，"1"和"4"的频率之比为256：341.3＝3：4，它们都成小整数比例，所以同时发出时，听起来很和谐，被称为和音（合声)。但"1"和"2"的频率之比为 $256:288=8:9$,"1"和"7"的频率之比为 $256:480=8:15$,比值均为大整数,两音合在一起就不和谐了。3 个音同时发出时,"1""3""5"三音,"5""7""$\dot{2}$"三音和"4""6""$\dot{1}$"三音的频率之比都为 $4:5:6$,都是小整数比例,称为三和音,人们听起来十分和谐。现在,音乐家已把和音和三和音,运用到二重唱、小合唱、器乐合奏、交响乐等多声部音乐作品中。因此,这些音乐之声听起来比单音部音乐更加丰满、更加浑厚、更加动听了。

乐音的长短和强弱的变化也有规律。简谱的拍号就表示了乐音的长短(时值)和强弱。例如拍号 2/4,就表示以 1/4 音符为一拍,每小节两拍,第一拍强,第二拍弱。谱子上还常常用重音号">"、强音号"f"、弱音号"p"等表示乐音强弱的变化。

韶　乐

韶乐,史称舜乐,起源于 5 000 多年前,为上古舜帝之乐,是一种集诗、乐、舞为一体的综合古典艺术。据传舜作《韶》主要是用以歌颂帝尧的圣德,并示忠心继承。此后,夏、商、周三代帝王均把《韶》作为国家大典用乐。周武王定天下,封赏功臣,姜太公以首功封营丘建齐国,《韶》传入齐。《韶》在齐"因俗简礼"的基本国策影响下,适应当地民情民风习惯,吸收当地艺术营养,从内容到表演形式都有所丰富、演变,从而更增强了表现力,更贴近了东夷传统乐舞,展现了新的风貌。故而鲁昭公二十五年(前517)孔子入齐,在高昭子家中观赏齐《韶》后,由衷赞叹曰:"学之,三月不知肉味。"留下了一世佳话。

韶乐是中国宫廷音乐中等级最高、运用最久的雅乐,由它所产生的思想道德典范和文化艺术形式,一直影响着中国的古代文明,韶乐因而被誉为"中华第一乐章",然而经唐历宋,便再不见《韶》乐被使用或表演的记载,惜于近代为历史所湮没。

延伸阅读

重唱的奥妙

二重唱是歌唱的一种形式，二人同时唱不同旋律的曲调，一个唱主旋律，另一个唱和声旋律（即伴唱）。主旋律在和声旋律的陪衬下，显得更加突出和雄伟，或者显得更加柔和与丰满。表演者可以轮流唱主旋律，使主旋律的层次多变而鲜明，更有力地突出了音乐形象。

二重唱时总有两个不同音高的唱声，听起来却很和谐。这里边还藏着"数学"呢，原来，两个唱声只有满足一定的条件才能和谐一致，这就是两者的基音频率必须成（1:2），（2:3），（3:4）等简单整数比例的关系。否则，就不会悦耳动听了。

例如，在C调中，1（多）和高音 i（多）、1（多）和5（嗦）、1（多）和4（发），这三对音的频率比分别为：256:512 = 1:2，256:384 = 2:3，256:341.3 = 3:4。当女声唱到高音 i 时，男声正唱5；女声唱5时，男声唱1，一唱一和，和谐优美。

除了二重唱，还有三重唱、四重唱、大合唱等。这些重唱同时唱出的乐音也必须满足一定的条件才能达到和谐悦耳的效果。

中国的传统乐器

相传远古朱襄氏时代，因连年干旱，作物不收，百姓苦不堪言。当时有一个叫士达的人，就做了一把五弦琴，每日弹唱不止，以此来祈云求雨，盼望有一个好的收成。《吕氏春秋》上的这个故事，记述的就是我国古代乐器的发明。

我国古代乐器出现的历史很早且种类繁多。早在4 000多年前的原始社会晚期，我国已有属于打击乐的土鼓、石磬、陶钟和属于吹奏乐的苇龠（yuè）、陶埙（xūn）等。到了3 000年前的西周时期，乐器有了很大发展，仅见于

《诗经》记载的就有 29 种之多，其中弹弦乐器有琴、瑟，吹奏乐器有箫、管等 6 种，打击乐器有鼓、磬、钟等 21 种。按制造乐器的不同材料它们又分为金、石、土、革、丝、木、竹、匏（páo）八类，史籍上称为"八音"。其中编磬为我国独有的乐器，编钟在世界各民族史中也以我国出现得最早。到了春秋战国时期，箫笛已相当流传，弦乐器中除了琴和瑟之外，又有了筝。汉朝以后，乐器制造进一步发展，许多新的乐器相继出现。如在吹奏乐器方面，出现了芦笙和葫芦笙，弦乐器新增了胡琴和大阮，打击乐器又有了包锣和云锣等。

我们祖先在制造各种乐器的过程中，还总结分析了乐器的发声要素以及跟乐器发声、传声有关的许多物理现象。如在春秋末期的著作《考工记》中，就对钟的发声跟振动的关系，作了如下的分析："厚薄之所震动，清浊之所由出"，"钟已（太）厚则石（声不易发），已薄则播（发散）"，"侈（钟口大而中央小）则柞（声大而易发出），弇（钟口小而中央大）则郁（声郁滞而不易出），长甬（柄）则震（震动得厉害）。"意思是说，当钟体的厚薄不同时，所引起的振动（频率）就不一样，这就是有的钟发声清脆，有的钟发声低沉的原因。钟体太厚，声音则闷；钟体太薄，则声音容易发散。钟口大而中央小，声音就大而且容易发出，钟口小而中央大，则声音郁滞而不易发出；钟的柄过长时，就振动得厉害一些。这段文字表明，在 3 000 年前，我们的祖先已懂得，物体发声的高低、清浊是由物体振动情况决定的，而振动情况又与发声体的厚薄大小等因素有关。在战国时期的其他典籍中，还对琴、瑟上琴弦发音的高低与琴弦长度、粗细的关系作出了科学分析，提出了"小弦大声，大弦小声"（即短而细的弦音调高，长而粗的弦音调低）的定性描述，这与今天弦振动发声的理论是完全一致的。

关于乐器的结构和发声响度及传声距离的关系，《考工记》以钟和鼓为例，提出了"钟（鼓）大而短，则其声舒而短闻；钟（鼓）小而长，则其声静而远闻"的观点。这种观点在今天看来，也是有一定科学依据的。我们知道，体大而身短的钟（或鼓），在外力撞击下振幅较小，因而它所发出的声音响度不大，这样声音传播的距离就近；反之，体小而细长的钟（或鼓），外力撞击时振幅较大，响度自然就大，因而声音传播的距离就远。

此外，在春秋时期《礼记》一书中，还有"钟声铿""石声磬""丝声哀""竹声滥""鼓鼙（pí）之声灌"等的描述。可见，当时人们对不同乐器有不同的音色已经有了粗浅的认识。

1977年9月，解放军某部在湖北省随县一个叫擂鼓墩的地方建造营房时，发现了一座战国时期诸侯曾侯乙的古墓。后经发掘共出土了7 000多件文物，其中最为珍贵的是一套编钟。编钟由大小65件青铜钟组成，大的如芭斗，小的如暖瓶，分上、中、下三层，悬挂在长13米、高2.7米的曲尺形钟架上。演奏时需有5~7个乐师，用棒敲锤击，协同动作，气势十分壮观。钟上还镌刻着2 800多个篆刻铭文，记载了先秦时期的乐学理论。整套编钟2 500多千克，加上钟架约重半吨。它不仅是中国，而且是世界上迄今最重的乐器。

这套编钟虽然在地下埋了2 400多年，但出土后经试验演奏，音色仍很优美。大的发音浑厚而深沉，气势磅礴；小的发音清越而高亢，明亮悠扬。编钟的排列已经使用了七声音阶（相当于钢琴上的白键），在这7个音之间，还有5个完备的中间音（相当于钢琴上的黑键），形成了完整的十二音体系。由于有了中间音，所以可以把任何一口钟的发音为起音，灵活自如地"变调"。最为令人感到惊奇的是，编钟中的每口钟都能发出双音，只要准确地敲击钟上镌刻的标音位置，它就能发出合乎一定的频率的乐音。编钟的音域很宽，从最低音到最高音，跨越5个八度，几乎跟现代钢琴差不多。因此它能演奏出古今中外的许多名歌和名曲。

长期以来，许多中外学者一直认定，中国在汉朝以前只有五声音阶，没有七声音阶，中国的七声音阶和"变调"乐理是从西方传入的。而在编钟上却明明白白地有了七声音阶，并且有一套齐备的、可供旋宫转调的十二乐音体系。这不能不引起各国音乐家的震惊和关注，因此，美国著名学者克莱因把编钟誉为"古代世界的第八奇迹"。

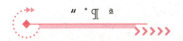

《考工记》

《考工记》是中国目前所见年代最早的手工业技术文献，该书在中国科技史、工艺美术史和文化史上都占有重要地位。它是中国春秋时期记述官营手工业各工种规范和制造工艺的文献。这部著作记述了齐国关于手工业各个

工种的设计规范和制造工艺，书中保留有先秦大量的手工业生产技术、工艺美术资料，记载了一系列的生产管理和营建制度，一定程度上反映了当时的思想观念。

延伸阅读

师 旷 之 聪

师旷（前572—前532），字子野，晋国主乐大师。春秋晋国杨邑（今山西洪洞）人。是春秋晚期晋国著名的政治家、教育家、音乐家。他是盲人，常自称"暝臣"、"盲臣"。其为何目盲，有3种说法：一说天生眼盲；二说他是因为觉得眼睛看到的东西使他无法专心地做一件事，所以用艾草熏瞎了自己的眼睛，使自己的心清静下来；三说他自幼酷爱音乐，聪明过人，就是生性爱动，向卫国宫廷乐师高扬学琴时，用绣花针刺瞎了双眼，发愤苦练，终于青出于蓝而胜于蓝。

他博学多才，尤精音乐，善弹琴，辨音力极强。以"师旷之聪"闻名于后世。师旷的音乐知识非常丰富，不仅熟悉琴曲，并善用琴声表现自然界的音响，描绘飞鸟飞行的优美姿态和鸣叫。他听力超群，有很强的辨音能力，汉代以前的文献常以他代表音感特别敏锐的人。他艺术造诣极高，民间附会出许多师旷奏乐的神异故事。

中国古代的乐律

我国古代在发展音乐的道路上，不仅创造了种类繁多的乐器，而且对乐器上各个乐音的生成规律（即乐律）进行了深入的研究。

中国古代最早的乐器发音不固定，因此它是有声无调，是无法演奏出乐曲的。后来随着人们对乐器发音规律的深入探讨，到3 100年前的周代，我国已开始有了比较系统的乐律概念，出现了五声音阶。当时这五声的音名叫宫、

朱 载 堉

商、角、徵、羽，相当于现在简谱中的 1，2，3，5，6。关于这五声的生成规律，根据春秋时期《管子》一书介绍，是依据了"三分损益法"。

所谓"三分损益法"，即以一定长度的弦（或管）发出的音为主音，依次缩短（损）1/3 长度的弦或加长（益）1/3 长度的弦，即可得到其他各音。例如，以 1 尺长的弦发出的音为宫音；缩短 1/3 弦长（剩 2/3 尺），即得到徵音；再把 2/3 尺弦长加长 1/3（即 8/9 尺）可得商音；8/9 尺弦长再缩短 1/3（剩 16/27 尺），又得羽音；16/27 尺弦长再加长 1/3（即 64/81 尺），便得角音。

"三分损益法"是我国古代乐律研究的杰出创造，它用非常简单的方法，比较准确地确定出音阶中的各个乐音。大家知道，不同长度的弦（或管）振动时可以发出不同的音，而且弦越长发出音的频率越低（频率与长度成反比）。由于按照"三分损益法"定出的 5 个音的弦长之比为

宫∶商∶角∶徵∶羽 = 1∶(8/9)∶(64/81)∶(2/3)∶(16/27)。

所以，各音的频率之比为

宫∶商∶角∶徵∶羽 = 1∶(9/8)∶(81/64)∶(3/2)∶(27/16)。

如果把它同今天音阶中对应的各音的频率比例比照一下的话，可以看出，除角（3）和羽（6）略有出入外，其余三音是完全相同的。另外，按照"三分损益法"由一个音生成的另一个音，其频率比例成简单的小整数，即宫（1）∶徵（5）= 2∶3，徵（5）∶商（2）= 4∶3，商（2）∶羽（6）= 2∶3，羽（6）∶角（3）= 4∶3，而我们已知这样的两个音是互相和谐的，可见"三分损益法"是一条"和声"法则。

从湖北省随县曾侯乙墓出土的编钟推断，到战国时期我国开始出现了七声音阶。七声音阶是在五声音阶的基础上，根据"三分损益法"再加上变徵（4）和变宫（7）两个音组成的。不仅如此，为了转调的需要，还在 7 个音之间，增添了 5 个中间音，组成了所谓"十二律"。最早出现的十二律，因各相

邻两音间的频率不是相同的，因而在实际应用中遇到了许多困难。后经几代人的不断改进，直到 400 多年前明朝的朱载堉发明了"十二平均律"后，问题才得到圆满的解决。"十二平均律"是今天钢琴、手风琴等键盘乐器制造的理论基础，朱载堉的发明比法国音乐家悔尔塞恩提出的同一理论要早 52 年。朱载堉的发明传到欧洲后，在 19 世纪下半叶得到德国著名科学家赫尔姆霍茨等人的高度评价。

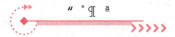

朱 载 堉

朱载堉（1536～1611），字伯勤，号句曲山人，青年时自号"狂生"、"山阳酒狂仙客"，又称"端靖世子"。祖籍安徽省凤阳县，生于怀庆府河内县（今河南省沁阳市），系明太祖朱元璋八世孙。是我国明代杰出的乐律学家和历学家、数学家，他在《乐律全书》的"律学新说"和"律吕精义"中首创了举世公认的十二平均律（新法密率），解决了自古至明十二律不能周而复始的悬案，实现了历代律学家为十二律"旋相为官"而探求新律的理想，把我国古代律学推到了一个全新的高度，因此有"律圣"之称。

 延伸阅读

伶伦制作十二律

伶伦，中国古代传说中的音乐人物，亦作泠伦。相传为黄帝时代的乐官，是发明律吕据以制乐的始祖。《吕氏春秋·古乐》有"昔黄帝令伶伦作为律"的一段记载，说伶伦模拟自然界的凤鸟鸣声，选择内腔和腔壁生长匀称的竹管，制作了十二律，暗示着"雄鸣为六"，是 6 个阳律，"雌鸣亦六"，是 6 个阴吕。在此之后，伶伦又对各种飞禽走兽的叫声都一一记录下来，不断丰富他

所创制的音律。比如用擂鼓可以表现马奔跑的蹄声；用口哨可以表现各种鸟啼声。《古乐》篇还记载了伶伦制乐的传说。记载中对黄帝以前氏族社会的乐舞，只列其内容，而名之以氏族名称；氏族社会进入父系之后，自伶伦作《咸池》开始，才有专用乐名。有人说，现代音乐上用的简谱符号中音乐简谱上用1234567，最早还是起源于中华民族，也可能源于伶伦制定的音律，不过那时的音符不这样写罢了。

从"焦尾琴"说琴材

东汉末年，一位有名的政治家蔡邕，因不愿趋附权贵而又怕被人陷害，曾经亡命江南，住在今天的苏州一带。有一天，他正在屋内闲坐，听到外面有噼里啪啦的声音。他赶紧走出来一看，原来是邻居正在烧柴做饭。蔡邕是个深通音律的人，他从柴木燃烧爆裂的声音，知道这是一段上好的桐木，是造琴的好材料。于是，他征得主人的同意，把这块烧焦的木头要了回来，后来把它制成了一张音质优美的七弦琴。因为这张琴的琴尾，恰是桐木烧焦的地方，所以历史上就把它叫做"焦尾琴"。

从焦尾琴故事里，我们知道古人对制造琴瑟之类的弦乐器所选用的木料，是十分讲究的。唐初制琴名家路丘制作每一张琴时，都精心挑选木料，并且待它胶质已脱，水分干透，几乎不能用手指掐按时，才拿来使用。唐朝秀州神符院智和和尚有一张琴，音质特别优美，据说它是专门用一种名叫"伽陀罗"木材制作的。这种树木生长在海南岛，"丝如银屑，其坚如石"，特别适合制作琴板。宋代科学家沈括，对古琴的制作很有研究。关于琴板的选材，他总结出了这样一条标准："琴材欲轻、松、脆、滑，谓之'四善'，木坚如石，可以制琴"，达不到上面标准的木材，是不能用来制琴的。

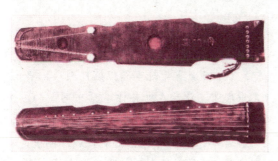

古　琴

国外制琴业也十分重视琴材的选择。不同的琴类选用的木材都不一样。例如制作钢琴的面

板，他们一般要选用枞木，制作提琴选用械木等。世界著名的意大利小提琴，300多年来，一直以其如泣如诉的奏鸣，幽婉动人的音色，深深吸引着广大音乐爱好者，其原因就是意大利制琴大师在选择琴材上有独到之处。意大利小提琴的面板是专门选用阿尔卑斯山生长的纹理均匀的云杉木制作的，挑选时人们用木棍敲击原木的一端，而在另一端伏耳静听，凭着听觉判断其音质是否清脆响亮。锯成板材后，还要用指关节轻击木板，从其发音高低、强弱和声音衰减的快慢来区分它的优劣。意大利小提琴面板轻得惊人，这与他们采伐木材的特殊方法有关。据说他们先选好制琴的树木，在冬天将树干的皮剥掉，待春天发芽，耗尽树干中的有机树汁。树干干枯后，用这种"新枯立木"制琴，音质就会特别理想。

为什么制琴时对琴板木料的选用要非常讲究呢？原来琴瑟之类的弦乐器虽然靠琴弦的振动发声，但是由于琴弦的断面太小，它振动时发出的声音十分微弱，不能有效地向外辐射出去。为了增强声音的辐射力，各类弦乐器都把弦扣在大面积的木板或木盒上。这样琴弦的振动就会传递给木板或木盒；而木板或木盒的振动，又引起周围空气的强烈振动，从而产生较强的音响效果。为了使琴板或琴盒易于振动，就必须要求木材又薄又轻，并且水分干透。另外，木材都是由管状纤维构成的，具有扩音和共鸣的作用；其中年轮致密均匀的轻薄木材，由于传声、透声、共鸣的效果特别好，并且传播高频声音不变调，所以用来制琴后，发音强而有力，音色圆润、丰满，听起来自然也就甜美动听了。

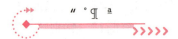

蔡　邕

蔡邕（133～192），字伯喈，陈留（今河南省开封市陈留镇）圉人，东汉文学家、书法家。汉献帝时曾拜左中郎将，故后人也称他"蔡中郎"。后汉三国时期著名才女蔡文姬之父。

蔡邕博学多才，通晓经史、天文、音律，擅长辞赋。灵帝时召拜郎中，校书于东观，迁议郎。曾因弹劾宦官流放朔方。献帝时董卓强迫他出仕为侍御史，官左中郎将。董卓被诛后，为王允所捕，死于狱中。蔡邕著诗、赋、碑、诔、铭等共104篇。他的辞赋以《述行赋》最知名。蔡邕是汉朝末年一个大学问家，在编写历史典籍方面贡献非常大，并且很懂音乐，又是一个出色的音乐家。

延伸阅读

石头乐器

人类最早的乐器不是琴，也不是笛子。用弦做琴，用管造笛都比较复杂。最简单的乐器就是石头。

找大大小小的几块石头，用绳子把它们拴上，挂起来，用木棍分别敲一敲，每个石头都会发出不同音调的声音来。这就是远古时代的石头乐器。

在我国古代的乐器中，有一种特磬，是用石或玉雕成，用架子支起来，敲击发声，这是一种打击乐器。商代已经出现了3个一组的编磬——3个磬分别发出3种音调，组合起来敲打能演奏乐曲。

常听音乐人长寿

1978年，美国加利福尼亚大学医学副教授阿特拉斯博士通过一项调查后惊奇地发现，音乐家的寿命特别长。他统计了35位已故著名交响乐队指挥的年龄，发现他们的平均寿命为73.4岁，比美国男子的平均寿命68.5岁高出了近5岁。这一调查结果引起了医学家和社会学家们的注意，以后又有人对19世纪末以前出生的119名乐队指挥、钢琴家、提琴家进行了调查分析，结果证实他们的平均寿龄也明显高于同时代从事其他职业的人士，并且很少有人患心血管疾病。

翻看历史也会发现，许多终生与音乐打交道的人，成了世界上有名的老寿星。我国汉文帝时，盲人乐师窦公180岁"主气犹壮"；日本平朝时，乐人尾张滨王110岁尚能在皇帝面前表演歌舞；当代著名音乐家斯达柯夫斯基，95岁时仍在指挥乐队；法国女钢琴家玛格丽特·普勒沃斯，104岁还在波尔多医学院100周年纪念大会上作即席演奏。

那么，为什么音乐家能够长寿呢？这得从音乐对人体的作用谈起。

音乐是一门高雅的艺术，它通过音调、音响、节奏、旋律等巧妙的组合，给人以美的感受，把人领进一个心驰神往的虚幻境界，使人获得精神上的享受和满足。所以每当工作之余，唱上几支心爱的歌曲，听上几段优美的乐曲，人们就会从紧张的、疲劳的情绪中解脱出来，感到轻松愉快，心旷神怡。经常聆听音乐，对人的身心健康大有好处。

医学家发现，优美的音乐对人体的健康具有促进作用，欢快流畅的音乐，不但能使人心情舒畅，而且能促使胃肠蠕动，加强消化功能。

有人认为，欢快流畅的乐曲能以它特有的频率引起人体内脏的共鸣，让人体吸收音乐中的能量，促进内脏的运动。如果条件允许的话，

常听音乐人长寿

每天晚饭后听上5～10分钟轻音乐，这对你的健康大有好处。

进一步的研究发现，美妙和谐的音乐能直接作用于中枢神经系统，提高大脑皮层的灵活性和协调性，有助于产生积极、热情的情绪。这样，音乐就通过神经系统影响人的运动器官。做广播体操时，播放音乐和不播放音乐是不同的。体操、技巧、武术、滑冰等项运动都离不开音乐伴奏。就是一些田径比赛项目也开始考虑用音乐伴奏了。

当然，并不是一切音乐都会使人兴奋，也有使人镇静和催眠的音乐。医学家曾做过这样两个有趣的实验：一个是让高血压患者听舒缓平静的乐曲，然后不断地量他们的血压，发现血压竟下降了10～20毫米汞柱；另一个是挑选了一批失眠患者，用各种安眠药和催眠曲进行催眠实验，结果表明催眠曲的效果

竟然比各种安眠药都好！

医学家还发现，优美的轻音乐能促使人体分泌一些有益于健康的激素，产生酶和乙酰胆碱等物质，起着调节血液流量和神经细胞兴奋的作用。

心理学的研究也表明，音乐具有怡情养性、陶冶情操之功效。它能改善人的心理环境，排除伴随生活带来的各种忧患、苦闷和烦恼，使人情绪稳定、心胸开阔、性格乐观，充满对未来生活的憧憬和希望。这无疑对于维护人体生理功能的和谐，增强对各种疾病的抵御能力，延缓大脑的衰老是十分有利的。

从物理学角度讲，音乐来源于有规律的振动，而人体本身也是由各种振动系统（如声带的振动、胃肠的蠕动、心脏的跳动等）组成的。因此，当音乐作用于人体后，通过对神经系统周期性的刺激，就会使各器官的工作节奏协调一致，从而增强了各器官的生理功能。国外有人曾做实验：通过电子仪器观测正在欣赏音乐的人，发现他的生物电流、肌肉弹性、脉搏、血压、呼吸、体温等都有明显的变化，这说明音乐对他的心血管系统、消化系统、内分泌系统和骨骼肌肉等都产生了良好的作用。

另外，根据学者们的研究，欣赏音乐还能使人体内分泌出酶和乙酰胆碱一类的活性物质，它能调节血液的流量，促进血液循环，增强胃肠蠕动及消化腺体分泌，改善神经传导，加快新陈代谢，使人精力充沛，生命旺盛，保持朝气蓬勃的精神状态。

总之，音乐是人类的朋友。经常听音乐，不仅给人的生活增添无穷的乐趣，丰富人的精神世界，而且它能在人体内产生许多有益的生理效应，提高人体的免疫功能，防止多种疾病的发生，延缓衰老的过程。这也许就是音乐家长寿的秘诀。

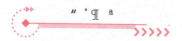

交 响 乐

交响乐又称交响曲，是采用大型管弦乐队演奏的奏鸣曲（奏鸣—交响套曲）。交响音乐主要是指交响曲、协奏曲、乐队组曲、序曲和交响诗5种

体裁。但其范畴也时常扩展到一些各具特色的管弦乐曲，如交响乐队演奏的幻想曲、随想曲、狂想曲、叙事曲、进行曲、变奏曲和舞曲等。此外，交响音乐还包括标题管弦乐曲。

交响音乐不是一种特定的体裁名称，而是一类器乐体裁的总称。这类体裁的共同特征是：由大型的管弦乐队演奏；音乐内涵深刻，具有戏剧性、史诗性、悲剧性、英雄性，或者音乐格调庄重，具有叙事性、描写性、抒情性、风俗性等；有较严谨的结构和丰富的表现手段，表现手法顿挫分明，能将听众带入音乐意境和想象空间。

音乐与噪声的区别

美妙动听的音乐，能使人忘掉烦恼，心胸开阔，消除疲劳，调节神经细胞的功能，改善血液循环，增强新陈代谢，有益于健康。

令人烦恼的噪声，被列为污染环境的三大公害之一（污水、废气、噪声）。能使人听力遭到破坏，头痛头晕，失眠健忘。甚至诱发心脑血管和消化系统疾病，有损于健康。

同样都是声波，对人的作用为什么会如此不相同呢？声学研究表明，乐音是由周期性振动的声波发出的，它的波的图像是周期性曲线。噪声的声源，做的是无规则的非周期性的振动，它的声波的图像是无规则的、非周期性的曲线。

神奇的音乐疗法

一天，一位病人走进了意大利罗马某家医院，自诉胃疼多日。医生对他进行了认真的检查，确诊他患的是"胃神经官能症"。可是，医生并没有给病人开出治疗药物，而是给了他一张德国作曲家巴赫的音乐唱片，要他每日三餐后按时收听。病人回家后遵照医嘱去办了，结果不久病就痊愈了。

不打针、不吃药，更不用开刀动手术，只是听听音乐就能治好病，这确实是一种神奇的治疗。这种治病方法叫"音乐疗法"，现在已被许多国家所采用。在塔吉克斯坦共和国有一个疾病防治所，就是让病人坐在安乐椅上，通过收听悠扬悦耳的音乐来治病的。在澳大利亚有家诊所，医生应用音乐疗法，帮助轻度耳聋的儿童提高声音的分辨能力。1984 年，我国在湖南也建立了第一个"音疗室"，通过使用大型多功能"音疗机"，对数百名病人进行了治疗。

音乐作为一种医疗手段，由来以久。早在 2 000 多年前，我国古老的医学专著《黄帝内经》中，就讲到了音乐的医疗保健作用。司马迁的《史记》中，有"宫动脾，商动肺，角动肝，徵动心，羽动肾"（宫、商、角、徵、羽是古代五声音阶中的 5 个乐音，相当于简谱中的 1，2，3，5，6）的说法，可能就是古人针对不同器官的疾病，采用对症下"乐"的医疗经验总结。在国外，音乐治病出现的历史也很早。例如，在希腊罗马的古典著作中，就有"大卫的竖琴（竖琴是国外的一种弦乐器，在直立的三角形架上安着 46 根弦）安抚过所罗门王忧郁的情绪""巴赫的戈德堡变奏曲治愈了凯瑟林伯爵的失眠症"等记载。

音乐疗法

但是，真正把音乐疗法广泛应用于临床，还是 20 世纪 70 年代以后的事。在美国，人们把音乐疗法和传统疗法结合起来，有效地治愈了偏头疼症；英国剑桥大学口腔治疗室，用音乐代替麻醉剂，成功地为 200 多名患者拔除了病牙；德国赫莱尔体育医院的医生，用一种特别的"音乐麻醉法"，施行了万余例手术；日本某医院用带有催眠曲录音带的"音乐枕头"，治好了神经衰弱者的失眠症。此外，不少国家的医院还用音乐疗法来治疗原发性高血压、消化性溃疡、神经官能症、精神病等。

多年的临床实践表明，音乐疗法具有明显的镇静、降压、止痛、减慢呼吸和基础代谢的速度等作用。因此，它特别适合用来治疗因精神因素和心理失衡

引起的各种病症，尤其是对头痛、头晕、心悸、胸闷、高血压等疾病最为有效。治疗方法可采用让患者直接去欣赏音乐，通过领悟音乐所产生的各种效应，达到心理上的自我调整；也可把音乐和舞蹈或体操结合起来，做到身心并用，协调动作，例如，美国科罗拉多州州立大学生物医学音乐研究中心的研究人员，给10名中风病人接上传感器，然后让他们跟随舞曲的节奏步行，一个月后，病人的蹒跚之步明显改善。作为用来进行音乐治疗的乐曲，一定要根据病人的病情需要和个人特点进行严格选择，一般以内容健康、节奏明快、旋律优美、曲调悠扬的古典乐曲或轻音乐为宜。

音乐疗法作为心理治疗的一种重要方法，虽然才起步不久，但已经显示出神奇的魔力。相信随着治病机制的深入研究和医疗经验的逐渐丰富，它必将不断给人类带来新的福音。

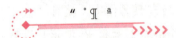

巴　赫

巴赫（1685～1750），最伟大的德国作曲家之一，其作品深沉、悲壮、广阔、内在，他的作品包括有将近300首的大合唱曲；组成《平均律钢琴曲集》的一套48首赋格曲和前奏曲；100多首其他大键琴乐曲；23首小协奏曲；4首序曲；33首奏鸣曲；5首弥撒曲；3首圣乐曲及许多其他乐曲。总计起来，巴赫谱写出800多首严肃乐曲。

巴赫一生的主要功绩：第一，把音乐从宗教附属品的位置上解放了出来。音乐不总是歌颂上帝，也歌唱平凡的生命。第二，他把复调音乐发展成主调音乐，大大丰富了音乐的表现力。第三，确立了键盘乐器十二平均律原则。第四，除了声乐作品外，巴赫奠定了现代西洋音乐几乎所有作品样式的体例基础。因此巴赫被后世尊称为"西方音乐之父"。

ZIRAN DE YUNLV

音乐治疗适宜人群

音乐应根据病人的不同因人而异地有所选择。合适的音乐治疗，常可取得很好的疗效。

①忧郁的病人宜听"忧郁感"的音乐，不管是"悲痛"的"圆舞曲"还是其他有忧郁成分的乐曲，都是具有美感的。当病人的心灵接受了这些乐曲的"美感"的沐浴之后，很自然会慢慢消去心中的忧郁。②性情急躁的病人宜听节奏慢、让人思考的乐曲，这可以调整心绪，克服急躁情绪，如一些古典交响乐曲中的慢板部分为好。③悲观、消极的病人宜多听宏伟、粗犷和令人振奋的音乐，这些乐曲对缺乏自信的病人是有帮助的，乐曲中充满无坚不摧的力量，会随着昂扬的旋律而洒向听者"软弱"的灵魂，使病人树立起信心，振奋起精神。④记忆力减退的病人最好常听熟悉的音乐，熟悉的音乐往往是与过去难忘的生活片段紧密缠绕在一起。想起难忘的生活，就会情不自禁地哼起那些歌和音乐。⑤原发性高血压的病人最适宜听抒情音乐，有人做过实验，听一首抒情味很浓的小提琴协奏曲后，血压即可下降1.3~2.7千帕。

音乐胎教造神童

几年前，从安徽省一座小城里传出来一条新闻：当地出了一位"小神童"。这个小孩当时只有5岁，却有着"非凡"的"资历"：他1岁识字，2岁阅读，3岁读世界名著，4岁开始学写作，5岁插入小学三年级就读，一入学门门功课都是优秀。他有着超人的记忆力，老师刚讲过的新课，课后便能一字不漏地把课文背下来……"小神童"显示出来的超常智慧，引起了社会各界的诧异和关注。正当人们以不可思议的眼光审视着这位不同寻常儿童的时候，他的父母却道出了他早慧的秘密。原来"小神童"的"神"不是"造物主"的功劳，而是得益于母亲对他早期的音乐胎教。

　　胎教又称零岁教育，是人类教育的启蒙。它是母亲在怀孕期间，通过外界的信息刺激，影响和促进胎儿体能和智力良好发育的一种方法。早在2 000多年前，我国一本名叫《洞玄子》的古书中，就已提出了"胎教"的主张。据说周文王姬昌生性聪颖，就与其母太任怀孕时的胎教有关。近年来，随着医学的发展，胎教越来越受到世界各国的重视。目前胎教的方法有两种：一种是体能胎教，即采用特殊的手法抚摸孕妇的腹部，迫使胎儿在母体中运动，并做各种有助于胎儿形体柔软、性格活泼的动作；另一种是音乐胎教，即把录音机的耳机贴放在孕妇腹部，通过播放委婉抒情的音乐，诱导胎儿在母腹中安详舒展地蠕动。

　　澳大利亚堪培拉某医院的妇产科医生，在35位孕妇身上进行了音乐胎教的试验，结果发现，她们生下的婴儿个个体格健壮。10年后，这些孩子学习成绩都很好，有7人还夺得了学校的"音乐"比赛奖，2人成了小舞蹈演员。英国女教师艾伦·罗依花了7年时间，对100多位孕妇实施音乐胎教。她在给胎儿听音乐之外，还经常让他们听听英语录音。结果孩子们长大后，都比普通儿童显得聪明，尤其是语言学习十分顺利。其中一位法国儿童，2岁时的英语水平比她的母语法语还强。日本横滨市的一位妇女，从怀孕不久直到临盆，每天坚持早晚两次给胎儿弹奏电子琴。分娩10天后，每当婴儿啼哭时，她就用电子琴重新弹起原先的乐曲，结果发现孩子立即破涕为笑，并转头静静地谛听，这说明音乐胎教增强了孩子的记忆能力。

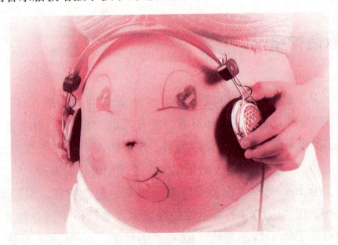

音 乐 胎 教

那么，为什么音乐胎教对胎儿的智力发育有如此神奇的作用呢？现代医学研究表明，在胎儿大脑皮层形成的过程中，一直受到母体神经信息的调节和训练。因此，孕妇的精神状态，特别是情绪变化，对胎儿大脑的发育影响很大。音乐具有怡情悦性、调养心神的功能，孕妇经常听一些悦耳动听的音乐，可以在孕期始终保持舒畅、愉快的心情和稳定的情绪，这无疑为胎儿创造了一个理想的生长发育环境。另外，优美的音乐声波可以刺激孕妇体内分泌出有益于健康的激素，这有益于改善血液循环和调节吸收系统，从而增强胎儿脑的供血量和吸氧量，促进胎儿大脑的发育。

血液循环

　　血液循环是英国哈维根据大量的实验、观察和逻辑推理于 1628 年提出的科学概念。人类血液循环是封闭式的，由体循环和肺循环两条途径构成的双循环。血液由左心室射出经主动脉及其各级分支流到全身的毛细血管，在此与组织液进行物质交换，供给组织细胞氧和营养物质，运走二氧化碳和代谢产物，动脉血变为静脉血；再经各级静脉汇合成上、下腔静脉流回右心房，这一循环为体循环。血液由右心室射出经肺动脉流到肺毛细血管，在此与肺泡气进行气体交换，吸收氧并排出二氧化碳，静脉血变为动脉血；然后经肺静脉流回左心房，这一循环为肺循环。

延伸阅读

天才儿童特征

　　美国学者卡兹归纳的天才儿童特征：掌握词汇多，使用正确；有泛化的能力；抽象思考能力强；看问题有洞察力；推理能力强；解答问题速度快；

学习有效率；能克服困难；记忆力强；推断事物准确；有幽默感；好奇心强；观察力敏锐；有主动性；有创造力；批评能力强；有为别人服务的意愿。

中国学者归纳的超常儿童（IQ140以上者）的几个特点：具有从特殊论据中进行推理、抽象概括、理解意义，并能发现其关系的卓越能力；有强烈的理智上的好奇心；学习容易而迅速；兴趣广泛；注意的广度大，而且能集中，能坚持解决问题，并有追求问题解答的兴趣；词汇的质和量都比同年龄儿童优越；有独立和有效的工作能力；有早期（学前期）阅读能力；显示敏锐的观察能力；在智能活动上表现首创；对新思想表示敏感并有快速的反应；能快速记忆；对人和宇宙的本质（起源和生命等问题）有浓厚的兴趣；具有非凡的想象力；对复杂的指示容易理解；是一个快速的读者；有若干癖好；对广泛的主题有阅读兴趣；经常有效地利用图书馆；在数学上，特别在解决问题上是卓越的。

音乐与科学发现

爱因斯坦是20世纪最伟大的科学家，他在物理学的许多领域中都作出了卓越的贡献。尤其是他建立的相对论理论，奠定了现代物理学的基础，被誉为20世纪物理学的一场划时代的革命。可是当有人向爱因斯坦提出"你是怎样取得这些科学成就的"问题时，他却不假思索地回答道："我的科学成就很多是从音乐启发而来的。"

爱因斯坦的回答对许多人来说也许是意外的，因为在一般人的心目中，科学和音乐是两个截然不同的领域，它们之间似乎是风马牛不相及。然而，翻看古今中外科学史就会发现，世界上不少杰出的科学家，都跟音乐结下了不解之缘。他们的科学发现，无不从音乐中汲取营养，引发创造的灵感。

古希腊著名学者毕达哥拉斯是一个音乐迷，2 500年前他经常利用闲暇时间去玩弄里拉一类的乐器。就在这个过程中，他无意间发现音乐和数字存在着奇特的关系：当两根琴弦的长度成小整数比例时，它们发出的琴音和谐动听；而当两弦长度成复杂的比例时，琴音嘈杂刺耳。由此他受到很大的启示：数字不仅是用以计算和测量的工具，而且还在支配着音乐，兴许它还在

爱因斯坦爱拉小提琴

支配着整个宇宙呢！于是他全身心地投入到数字领域中，开始了对数字特性的研究，揭开了数字世界无穷的奥妙。

17世纪的天文学家开普勒，因发现行星运动三定律而闻名于世。而他的这一伟大发现，据他本人讲，是"受了家乡巴伐利亚民歌《和谐曲》的启发产生的灵感"。他认为行星运动本身就是一首歌，它像音乐一样有着固有的节奏和旋律。他发现的行星运动三定律，实际上就是自然界内在规律所表现出来的这种协调和节奏。

德国物理学家海森堡，对音乐有着很深的造诣。他在研究微观世界中原子运动的规律时，巧妙地把它和音乐理论联系起来，结果获得了很大的成功。

诸如上述的例子，我们还可以举出很多。像伽利略在他熟练演奏的鲁特琴的启发下，做了斜面实验，从而发现了"自由落体定律"；奥地利科学家薛定谔，每当研究和实验遇到困难时，总是叫家人弹奏几支曲子，这样，原来困惑不解的问题，往往就在优美的乐曲声中豁然开窍。如此等等，不胜枚举。

那么，音乐为什么能提高科学家的创造力呢？这里面有生理学和心理学的因素。从生理学角度讲，由于音乐是一种节奏鲜明的和谐运动，它对人体的神经系统是一种良好的刺激。人耳收听音乐后，可以调节和改善大脑皮层和自主神经系统的功能，使大脑处于一种既放松又敏锐的冥想状态，从而提高了大脑的思维能力和工作效率。另外，音乐还可以激发人体释放有益于思维和记忆的活性物质，促使人脑中传递神经信息的突触大量增加。美国医学家在对爱因斯坦大脑切片进行观察时发现，他的脑中的突触比常人甚至比其他科学家多出很多，这显然与他那近于小提琴家的奇特经历有关。

从心理学角度讲，音乐是一种富有感染力的特殊语言，它能愉悦感官，活跃思维，启发人的想象力，从而引起人们创造灵感的闪现。许多科学家正是由于受到音乐艺术想象之神的召唤，不拘一格，大胆思索，才绽开出千万朵瑰丽的科学之花，结出千万颗丰硕的智慧之果的。

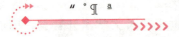

开 普 勒

开普勒（1571～1630）是德国著名的天体物理学家、数学家、哲学家。他首先把力学的概念引进天文学，他还是现代光学的奠基人，制作了著名的开普勒望远镜。他发现了行星运动三大定律，为哥白尼创立的"太阳中心说"提供了最为有力的证据。他被后世誉为"天空的立法者"。

行星运动三定律的发现为经典天文学奠定了基石，并导致数十年后万有引力定律的发现。哥白尼学说认为天体绕太阳运转的轨道是圆形的，且是匀速运动的。开普勒第一和第二定律恰好纠正了哥白尼的上述观点的错误，对哥白尼的日心说作出了巨大的发展，使"日心说"更接近于真理。开普勒还指出，行星与太阳之间存在着相互的作用力，其作用力的大小与二者之间的距离长短成反比。开普勒不仅为哥白尼日心说找到了数量关系，更找到了物理上的依存关系，使天文学假说更符合自然界本身的真实。

延伸阅读

在音乐中学习和工作

科学研究发现，一个人的脑记忆容量，约等于目前世界藏书总量的全部信息，但真正开发出来的却微乎其微。一些专家估计，一般人的大脑潜能只使用了5%～10%，连爱因斯坦这样的大科学家，也只使用了15%。这其中的一个重要原因，就是人们往往只重视左脑的利用，而忽视了右脑的开发，整个大脑的功能没有得到充分的发挥。左脑是"数学脑"，它善于处理语言、数字、计算等方面的信息，读书学习主要靠左脑；右脑是"音乐脑"，它通常处理图形、音乐等方面的信息，它在增强记忆、提高想象力和创造力等方面有明显的优势。因此，要想开发人的智力，提高学习和工作效率，就应当在充分发挥左脑作用的基础上，积极调节和促进右脑的功能。在紧张的学习和工作之余，欣赏一下轻松愉快的抒情音乐，或者在优美悦耳的乐曲声中学习和工作，不但可以增强左脑的工作强度，而且可以使右脑得到锻炼。这对于发掘人的智力、潜能是大有好处的，真可谓"一箭双雕"。

声音的妙用

SHENGYIN DE MIAOYONG

声音在日常生活中随时随地都能被听到，显得十分普通，人们一般不会想到它其实极为神通广大。

利用物体发出声波的回声，可以探索障碍物的存在；同时由接收到回声时间的长短，还能判断出物体距离目标的远近。根据这个原理，科学家研制出了"回声测位仪"。

1915 年，法国科学家郎之万根据超声可以作定向发射，并且在水下传播距离远、传送能量大的特点，研制成功世界上第一台使用超声侦察潜艇的设备——声呐。

声呐在捕鱼业中应用得最广泛，它使人们在辽阔的大海中捕鱼作业不再瞎摸了。20 世纪 30 年代第一次使用声呐时，就真正地改变了整个渔业的面貌。

盲人看不到缤纷的世界，连走路也不便，是十分痛苦的，而超声探路装置的出现，为他们装上了"眼睛"。

B 型超声诊断仪的广泛应用，让医生不仅能直接观察病人脏器及其上面的病灶，而且还能看到脏器的活动画面。

次声一般伴随着灾难而来，然而早在二战前，它就已应用于探测火炮的位置，并且其应用前景日益引起人们的重视。

噪声虽然可恶，然而也能化害为利，可以用其发电和制冷，为人类服务。

在有节奏的音乐声波的刺激下，生物体内细胞的生命活动迅速增强，这会加速细胞的新陈代谢，能促进植物的生长。

利用回声测距离

1912 年 4 月，英国"泰坦尼克号"大邮轮载着 2 000 多名旅客，航行在大西洋海面上。当它行驶到距纽芬兰岛约 136 千米时，不幸与一座坚硬的冰山相撞而沉没，船上 1 700 人因此葬身鱼腹。这一空前海难的发生，向科学界提出了一个严峻的课题：在烟波浩渺的海洋里，航行的船只有没有办法及早发现航道上的冰山或暗礁，而避免此类悲剧的重演呢？

早在 1804 年，俄国科学家捷哈鲁夫曾做过一次有趣的实验：他乘坐一个大气球上升到高空中，然后对着地面大声呼喊，结果 10 秒钟后他听到了来自地面的回声。由于声波在空气中的速度为每秒钟 3 40 米，声波一来一回共用了 10 秒钟的时间，由此他推算出气球距离地面的高度为 1 700 米。

捷哈鲁夫的实验给了人们以启示，利用物体发出声波的回声，可以探索障碍物的存在；同时由接收到回声时间的长短，还能判断出物体距离目标的远近。根据这个原理，科学家研制出了船用"回声测位仪"。这种仪器的主要部分是一个类似"嘴巴"的声波发射器，不断定时地向外发出声波；同时有两个类似"耳朵"的听音器，用来接收从障碍物反射回来的声波，并辨别回声传来的方向；另外它还有一个专门记录声波从发出到接收到回声所用时间的装置，这种装置能自动地将上述时间转化为里程，使操作者可以直接从指示器上读出船只到目标之间的距离。船只安装上这种回声测位仪后，即使在云雾漫漫或茫茫黑夜中航行，也能及时发现前方的冰山或暗礁，并能正确判断出它们所在的位置，从而保证了船只行驶的安全。

利用回声测距的原理，人们还制成了海洋"回声测深仪"，用来测量海底的深度。古时候人们测量海深是个很麻烦的事，他们需用一根很长的绳索，下面坠上很重的铅锤，然后把它

回声测深仪

们投入海中。当铅锤到达海底后，再把绳索从水中慢慢拉出来，丈量出它的长度。由于海水的流动，绳索在水下很难保持垂直，加上测量时必须停船，所以这种测量海深的方法既费时又不准确。特别是在深海测量时，因绳索放得很长，绳索本身有时比铅锤还要重。这时测量的人感觉不出铅锤何时到达海底，因此就无法准确测量出海有多深了。有了回声测深仪，这个问题便轻而易举地被解决了。回声测深仪的构造同回声测位仪差不多，它安装在船只的底部，通过测量声波到海底来回所用的时间来推算海底的深度。用回声测深仪进行测量非常简单，过去用古老的方法测量几千米的海底，需要几个小时，而现在只需几秒钟就行了。另外，由于船只安装上回声测深仪后可以一边航行，一边测量，所以现在它还广泛用来探测海底鱼群所在的位置和深度，这就大大提高了渔业上捕捞的效率和产量。

在海洋学或海底地质学的研究方面，对于海底深度的测定是很重要的。不仅仅如此，还有浅海深度正确而快速的测定，对于航行的船只尤其重要。因此，如果船只装配"回声探测仪"的设备，则可以全速向着岸边开过来，并且也可以在暗礁较多的地方行驶。

"泰坦尼克号"

1909 年 3 月，"泰坦尼克号"开始建造于北爱尔兰的最大城市贝尔法斯特的哈南德·沃尔夫造船厂。全部工程于 1912 年的 3 月完成。它被认为是一个技术成就的定点作品。它更津津乐道的是安全性。两层船底，由带自动水密门的 15 道水密隔墙分为 16 个水密隔舱，跨越全船。16 个水密隔舱防止它沉没。奇怪的是，这些水密隔舱并没有延伸得很高。头两道水密隔墙与最后的 5 道，只建到了 D 甲板。中间的 8 道墙则只设到了低一层的 E 甲板。虽然如此，其中任意两个隔舱灌满了水，它仍然能够行驶，甚至 4 个隔舱灌满了水，也可以保持漂浮状态。当时的人们再也设想不出更糟糕的情况了，所以《造船专家》杂志认为其"根本不可能沉没"。当时有船员说："就是上帝亲自来，他也弄不沉这艘船。""泰坦尼克号"是人类的美好梦想达到顶峰时的产物，反映了人类掌握世界的强大自信心。然而在处女航中它就沉没了，向人类展示了大自然的神秘力量，以及命运的不可预测。

延伸阅读

声速实验

找一块秒表或带秒表功能的电子手表，准备几只"闪光雷"爆竹。然后到一片开阔的地方，甲同学拿着闪光雷站在一个地方，另一位同学跑到距甲有1 000米或500米的地方，准备好秒表。当看到燃爆的闪光雷的闪光时马上按表，听到声音时再按一次表，看看经过了几秒钟，计算一下声速。

1738年，法国有几位科学家做了类似的实验，测定了空气中的声速：他们把两门大炮架在相距27千米的两个山头上。先在甲山放炮，乙山上的人计算看见炮火以后到听到炮声的时间，然后再由乙山放炮，甲山计算时间。实验结果是，从甲到乙和从乙到甲的声速都是一样的，是337米/秒（读作"337米每秒"）。

后来又做了许多次实验，证明声波在空气里的速度和声音本身没有关系，炮声和雷声，高音和低音，声速都是一样的。但空气温度不同，声速就不同了。大约气温每升高1℃，声速就要增加0.6米/秒。在15℃的空气里，声波的速度是340米/秒，现在常说的声速就是指的这个速度。

声呐在军事中的应用

第一次世界大战期间，称霸海上的英法等国海军舰队，由于不断遭到德国潜艇的袭击，损失惨重，前后被击沉军舰4 000余艘。为此，英法等国紧急召集有关专家商量对策。由于潜水艇活动在水下，神出鬼没，行踪诡秘，因此极不容易发现它们。虽然当时已经有了无线电探测设备，但它却不能担当搜寻潜水艇的任务。原因是这些设备使用的无线电波被海水吸收得很厉害，无法在水下做远距离传播。1915年，法国科学家郎之万根据超声可以作定向发射，并且在水下传播距离远、传送能量大的特点，首先提出用超声侦察潜艇的设想，并且不久后研制成功了世界上第一台使用超声侦察潜艇的设备，他把它称之为"声呐"。"声呐"是英语缩写词的音译，原意是"声音导航与测距"。

郎之万发明的声呐装置，其结构和工作原理十分简单。它的主要工作部分是两个换能器，其中一个用来发射超声信号，另一个用来接收从潜艇反射回来的回声信号。两个换能器并排装在驱逐舰的船底的龙骨附近。发射器每隔一定时间向水中发射一束超声信号，途中遇到潜艇反射回来后，被接收器接收并转化为电信号，经放大器放大，由记录仪器记录下来。与记录仪相连接的钟表，指示出从发射到接收所用的时间。因为已知超声在海水中的速度，所以就能测算出潜艇的距离。

为了确定潜艇所在的方向，换能器在操纵手轮的操纵下，可以沿水平和垂直两个方向旋转。很显然，收到反射信号时换能器所指的方向，就是潜艇所在的方向。

郎之万发明的声呐，虽然由于第一次世界大战提前结束，没能在对付德国潜艇威胁方面发挥作用，但是由于它的出现，带动了超声探测技术，特别是水下超声探测技术的发展。

第一次世界大战后，潜水艇

声呐装置

的性能不断改进。特别是20世纪50年代后出现的核潜艇，它不仅运动速度快、潜航的时间长，而且它自身也装上了超声接收器。因此，如果仍像以前那样依靠在舰船上安装声呐去侦察潜艇，结果不仅不容易搜索到目标，反而常常被敌方潜艇发现而遭受攻击。在这种情况下，许多新型的更有效的探测潜艇的声呐出现了。航空声呐就是其中的一种。

所谓航空声呐，就是把声呐的主要设备安装在直升机上，用一根长长的电缆把换能器吊进海水中。直升机以最快的速度低空飞行，拖着换能器在水下进行探测。这样它在每小时内可搜索的面积达 1 000 多平方千米，而且不易被敌方潜水艇发现。另外一种航空声呐，是在潜艇容易出没的海域，在不同方位上由飞机向水中投掷 3 个无线电声呐浮筒。浮筒上的声呐把接收到的信号，通过无线电发送到飞机上后，机上工作人员根据 3 个浮筒送来的情报，就能迅速确定潜艇的方位和深度。

此外，近年还出现了电子扫描声呐和远距离声呐，它们分别可以提供 360°范围内和千里之外的目标信息。

在今天，声呐在军事上不仅可以作为探潜的有力工具，而且还能像地面上的雷达一样，长年累月地藏身在某一特定海域，担负保卫军港及重要军事海面的特殊任务。这种声呐，像铺在水下的一张巨网，它的主要设备在陆上，无数个换能器隐蔽地安放在水下，通过电缆互相沟通并与陆上设备相连。只要一发现情况，换能器立即能准确地把目标定位，并迅速通过电缆报告陆上设备。这种海岸警戒声呐，有极高的分辨能力，其警戒范围达数百千米。有了这样忠于职守的"卫士"，将大大加强国家海岸的防卫力量。

声呐除了军事用途之外，还常被用来探测鱼群、测量海深、勘察深海地貌等。有人把声呐称之为"水下侦察兵"，应该说它是当之无愧的。

核 潜 艇

核潜艇的动力装置是核反应堆。世界上第一艘核潜艇是美国的"鹦鹉螺号"，1957 年 1 月 17 日开始试航，它宣告了核动力潜艇的诞生。目前全世界公开宣称拥有核潜艇的国家有 6 个，分别为：美国、俄罗斯、中国、英国、法国、印度。其中美国和俄罗斯拥有核潜艇最多。核潜艇按照任务与武器装备的不同，可分以下几类：攻击型核潜艇，它是一种以鱼雷为主要武器的核潜艇，用于攻击敌方的水面舰船和水下潜艇；弹道导弹核潜艇，以弹道

导弹为主要武器，也装备有自卫用的鱼雷，用于攻击战略目标；巡航导弹核潜艇，以巡航导弹为主要武器，用于实施战役、战术攻击。

声音灭火小实验

准备好一张硬纸、剪刀、胶水，我们来做一个声灭火器。其实它只不过是一个圆柱形的纸盒，这个纸盒的做法如下。

先从硬纸上剪下一张边长为 20 厘米的正方形，把它卷成一个直径约 5 厘米的圆筒，用胶水把纸筒的接合处粘牢，再从硬纸上剪下两个直径约 6 厘米的圆。在其中一个圆的中心处剪一个直径约 1.5 厘米的小圆洞，然后把两个圆粘到纸筒两端把纸筒的两端堵住，使它形成一个圆柱形的纸盒。这就是声灭火器。不过你一定要把粘合处粘牢，千万不要使接缝处漏气。

把一支点燃的蜡烛固定在桌子上。然后用你的左手握住圆纸盒，把它拿到离蜡烛 60 厘米左右的地方，并且使盒盖上的洞对准蜡烛的火焰。用你右手的食指不停地弹圆纸盒的盒底。圆纸盒发出了"扑扑"的声音。不一会儿，你就会发现蜡烛的火焰被熄灭了。

这是由于你用力敲击盒底的时候，产生了声音，声音本身是一种波，而声波是有压力的。在这个压力的作用下，火焰便被"压"灭了。这就是声灭火器的灭火原理。

声呐在渔业中的应用

如果不算军事用途，那就可以认为，声呐在捕鱼业中应用得最广泛了。20世纪 30 年代第一次使用声呐时，就真正地改变了整个渔业的面貌。在辽阔的大海中，捕鱼作业不再瞎摸了。确实，最初使用鱼群探测器，只能发现大的鱼群，因此，阿拉斯加、挪威、太平洋沿岸各国、苏联和日本的渔民使用鱼群探测器大规模捕捞鲱鱼和沙丁鱼；他们只是在探测到大鱼群之后才放下大鱼网、拖网或网罟。当然，利用鱼群探测器探测大鱼群，现在也是最容易不过的事了。但现在的鱼群探测器甚至在恶劣的天气时，在拖网捕鱼的最大深度，也能记录到离海底50厘米处一条单独的大鱼身上反射回来的信号。通过渔业中鱼群探测器的应用，可以研究回声探测的一些理论问题以及用声在水下"视"物的问题。

在最早的鱼群探测仪以及最简单类型的现代鱼群探测器（回声探测器）中，声波束都是垂直向下发射的。回声探测仪在中等深度的水中最为有效，虽然，根据某些乐观的看法，回声探测仪也可用于深水探测。要做到这一点，就必须使发出的（以及接收的）声束的宽度约为30°，脉冲功率为200瓦，脉冲持续时间为1毫秒钟，探测器工作频率为3万赫。用这样的鱼群探测器，可以在100米的深度发现一条单独的鲱鱼，或者在200米的深度发现一条大鳕鱼。

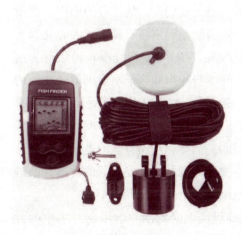

鱼群探测器

当然，要辨认出一条单独的鱼，这条鱼必须同其他目标（特别是海底）保持一定距离，位于沿着垂直方向大于脉冲宽度、沿着水平方向大于声束宽度的地方。1毫秒钟的脉冲宽度在水中为1.5米；在深度约180米的水中，声束宽度为100米。因此，在声束宽度和探测深度规定的这个范围内，不可能区别出单独的一条鱼。即使这一地区有几条鱼在游动，鱼群探测器仍然只能记录到一个反射信号。

怎样提高鱼群探测器的分辨本领呢？对这个问题的回答是十分清楚的：使声束更窄，使脉冲更短。这些改变，全可用提高频率来完成。事实上，要发出宽度为30°、频率为3万赫的声束，可以使用横向尺寸约为所发射的声的两个波长（约10~15厘米）的换能器。如果我们想获得宽度为2°的声束，那就得使用直径比发出的声波长大30倍的换能器（就是说，约150厘米）。这种尺寸的换能器，价值非常昂贵，使用时很不方便。因此，最简单的方法是提高频率、缩小波长。

用高频声工作，我们既能获得较窄的声束，又能获得较短的脉冲。要形成频率为 30 万赫、宽度为 1°的声束，所需的换能器，横向尺寸不大于 30 厘米。那样的话，在深度 180 米探测的范围可缩小到沿水平方向为 3 米，沿垂直方向为 1 毫米。

但是，声呐探测能力的提高是靠牺牲它的其他性能取得的。由于声的穿透力随着它的频率的增加而减弱。增加声脉冲的功率，可以补偿这一效应。即使如此，在频率超过 10 万赫时，窄声束声呐的有效远程就受到限制（180～270 米）。使用窄声束声呐还产生另外的问题。问题在于，无论如何，必须使声呐的窄声束恰恰同步于船只的运动，否则，反射信号将从船只旁边通过而无法记录，我们也就收不到大鱼群位置的信息。长期的试验证明了窄声束声呐用于探测鱼群以及确定鱼群密度的价值。使用某些鱼群探测仪，不仅可以确定鱼的大小，而且可以判明它们的种类。

从工作频率 3 万赫转到 30 万赫时，噪声的类型实际上也在变化。到现在为止，我们都是假定声呐记录到唯一声波，就是我们发出的信号的回声。很遗憾，实际上问题要复杂很多。首先，大海本身就是噪声源；其次，大海充满人类活动造成的声音（例如，船舶发动机螺旋桨的噪声）。海洋噪声可以分为两类：波浪运动、海洋动物和鱼类造成的海洋本身噪声和分子不规则运动造成的"热"噪声。声呐以低于 10 万赫的频率工作时，主要的干扰就是海洋本身噪声。在频率大于 10 万赫时，热噪声就成了主要干扰。这两种噪声的性质都很不规则。这就使得声呐的应用受到某些限制。当然，利用特殊的电子装置，可以使噪声的影响降低到最小限度。这里主要的问题是增大发射器的功率和改进信噪比，这就能相当地扩大声呐的使用范围。

声呐的灵敏度和作用距离，在更大的程度上受到混响的限制。水中的异物、水密度的不均匀性、水—空气的分界面和大洋底对脉冲的散射形成混响。在这种情况下，简单地提高脉冲的功率于事丝毫无补。因为混响效应也以同样的比例增强。如果降低脉冲持续时间，就能降低混响效应，因为脉冲传递的能量，与功率和持续时间的乘积成正比。因此，我们可以再一次肯定，利用尽可能短的脉冲是合理的。

主要的混响源是海底。考虑到这一事实，研制出了一种新型的声呐——有机械控制声束装置的声呐。这种声束可以向水平面和垂直面的任何方向发射。最早的这种类型的声呐之一，能发射水平束宽为 10°、垂直束宽只有 2°的声束。它的工作频率是 6.1 万赫，而脉冲持续时间略大于 1 毫秒钟。

从在声束区游动的鱼群反射回来的信号，同海底散射的信号同时到达接收机。因为海底散射信号的强度比有效信号高出许多，因此，有效信号实际上完全看不见。使用上述类型的窄声束（在水平面小于 20°）的声呐，可以大大降低混响效应，并能发现在深度 100～180 米的海底附近游动的鱼群。

但是，减少声束宽度会降低水下空间探测的速度和效率。要提高速度和效率，可以使用电子扫描系统。同其他装置相比，这种系统能提供更清晰、更详细的水下景色图像。最近 20 年来正在紧张地研制这种声呐。

这一章开头所说的一种回声测深仪，不仅用于寻找鱼群，而且还用于测量海深，并把海的深度绘在地图上。回声测深仪同过去一样，现在是研究海底地形的基本工具。为了加速地形测绘，回声测深仪通常都装在水下"鱼雷"上。获得的信息转换成数字形式，并自动进行整理。在整理数据时还考虑到同船只上下运动以及涨落潮有关的修正值。在测量远离大陆架的大深度时，等候反射信号的时间是很长的，因此，在这个时间间隔内，通常还顺序发出若干个信号。

因为回声测深仪绘出的只是直接位于船下的海底断面图，因此，无论我们发出多少脉冲，仍然得不到海底表面的图像。20 世纪 40 年代末，英国制成了一种能够侧扫的声呐，声束的宽度沿垂直面为 50°，沿水平面 2°声呐的声束射向船的一侧，同船的运动方向垂直。这种声呐可跟着船的运动获得海底图。在记录上，可以毫不困难地区分沙子和砾石（因为它们对脉冲的反射不相同）并且能"看见"各种隆起物（如岩礁），因为它们投射出"声阴影"。

侧扫声呐为了提高分辨能力，通常都使用高频（5 万赫），这就使它们的有效半径限制在 1 000～1 500 米之内。船上装两个这种声呐，可以同时观察和绘出宽度为 2 000 米的地带。如果牺牲分辨能力，建造用低频（例如英国"光荣号"声呐的工作频率为 6 000～7 000 赫）工作的声呐，侧扫声呐能观察到宽达 15 千米的海底地带。

这种声呐必须有大型换能器。换能器需要消耗相当大的能量，通常装在价值昂贵、有电子自动控制的水下"鱼雷"上。虽然如此，使用这种声呐还是合算的，因为它们能节约大量时间。

由于找寻石油和天然气的需要，分辨能力高而有效半径小的声呐装置在海底钻井工作中得到应用。使用它们可以清楚地看到管道和管道投射的"阴

影"。石油和天然气勘探钻井工作的主要地点是沿岸水域，经常受到涨落潮的影响。沙子在潮水作用下常常移动，并从管道和钻井台的支柱下冲刷出来。检查支柱和管道对潜水员来说，是一项困难而危险的工作。使用侧扫声呐或者用于观察沙子运动的专门声呐装置，可以大大简化和加速这一工作。

在分析回声测深仪取回的资料时，常常会碰上"假"海底的问题。问题在于在坚硬岩石形成的凹地中，常常聚集着淤泥。回声测深仪的信号，既可以从淤泥表面（"假"海底）反射回来，也可以从坚硬的岩石（真海底）反射回来。操作人员要善于区别这些信号。因此，在描绘海底表面时，声音的高度穿透性能就帮了忙。这种性能在研究海底的内部构造时，特别是在用低频声工作时是很重要的。

正是声音的这种穿透本领，使地质学家可以研究位于海底覆盖层下的地层。通常以很短的脉冲形式发射出来的低频大功率声音，能钻进海底深处。声音在路上碰到密度不同的海底岩层，就从这些具有不同特征的每个堆积层反射回来。这些反射脉冲就使我们有可能把所发现的地层绘制在图上。要鉴定所获得的材料，当然必须对海床进行钻探。在把钻头取出的岩样同声呐绘出的反射图进行比较之后，就可以单用声呐把海底地层绘制在图上了。

研究海底内部构造，可以利用通常的声换能器。但由于这种换能器必须以低频（低于 1 万赫）工作，而且具有大功率，因此，它们的体积必须加大。此外，这种装置的有效半径局限于 20 ~ 30 米。最近在研制一种能发射很短的声脉冲的特种换能器。这种换能器中，电容器放电时，爆炸物会燃烧起来，而爆炸产生的气体则被空气"枪"发射。但是，现在最受欢迎的是低频换能器。第一部这种换能器，名为"电磁脉冲声源"，是美国麻省理工学院制造的。这部换能器由 100 匝环氧浇灌的铜带和一块直径 40 厘米、厚 0.625 厘米的铝盘构成。在接通 4 000 伏电源的线圈里放电，形成脉冲磁场，对铝盘给予冲击压力。铝盘在压力作用下"开始"嗡鸣。这部换能器后来又被作了改进，能改变脉冲的形状，提高分辨能力。英国制造的类似换能器，工作频域为 300 ~ 500 赫兹，发出的声脉冲的持续时间为 2 毫秒。

水下研究工作有时有必要同时利用这 3 种类型的声呐。回声测深仪绘出精确的海底断面图，侧扫声呐给我们提供海底表面的图像，而低频声呐则指明海底的内部构造。这些图像换算成同一比率放在一起对照，就使我们对所研究的地区有一个完整的概念。

热 噪 声

　　热噪声又称白噪声或约翰逊噪声。是由导体中电子的热振动引起的，它存在于所有电子器件和传输介质中。它是温度变化的结果，但不受频率变化的影响。热噪声是在所有频谱中以相同的形态分布，它是不能够消除的，由此对通信系统性能构成了上限。当光电倍增管施加负高压，而无光投射光电阴极时，由于光电极与倍增极的电子热发射和玻璃外壳与管座的漏电，导致热电子由倍增极放大，所引起的暗电流的波动。在记录仪器上则出现噪声。

延伸阅读

收听"龙宫"之音

　　西方民间传说，海里有能唱歌的美人鱼；我国民间传说，每当月色皎洁的夜晚，海洋里就会传出动人心弦的龙宫之歌……虽然这些都是带有神话色彩的传说，但是很早以来，渔民们就懂得根据鱼类的"歌声"来捕鱼。

　　现代水听器是用一种"压电材料"制成的，常用的是锆钛酸铅压电陶瓷。这种材料只要受到轻微的压力就会产生电荷。当声波在水中传播时，使水听器上所受的压力发生变化，压电陶瓷也就产生了微弱的电信号，再经过放大器放大，人们就听到了"龙宫"之音。

　　鱼类的歌声并不是喉咙里发出的，它们没有声带。鱼类发声主要靠鱼鳔的振动或者靠牙齿、鳍条、骨头的摩擦。鱼声往往是鱼类求偶或集群的信号。渔民们发现，领头鱼发出一声呼唤，众鱼就会聚拢过来。

　　我国渔民很早就用声音来诱鱼了，他们在渔船上敲鼓，大黄鱼听到鼓声就

会靠拢过来。现代科学家正在研究各种有效的"唤鱼器"，一按电钮，某种鱼群就会召之即来。利用这种"唤鱼器"甚至可以实现"海上牧鱼"呢！

远距离声呐

　　用于水下科学研究和捕鱼作业的声呐，都是有效半径为若干千米的声呐。但是对海军舰艇（最早的声呐就是用于海军舰艇的）来说，这样的距离未免太小了。在 20 世纪，当装备有核导弹的潜艇在辽阔的大洋中自由地航行的时候，要发现它们，就需要有效半径为几百千米的声呐了。除了通常的技术问题（脉冲功率、接收装置的灵敏度等）外，在制造远距离声呐时，还必须解决一系列同海洋直接有关的问题。

　　其中最重要的几个问题，同作为介质的海洋的不均匀性，尤其是温度和压力变化引起的变化有关。例如，温度每升高 1℃，声速就增加 2.7 米/秒；深度每增加 100 米，由于压力的增加，声速就增加 1.82 米/秒。显然，温度和压力都是随着深度的变化而变化的，而这又引起声速的变化。因为速度变化时，声波被折射，所以远距离声呐的脉冲轨道就大大偏离直线。

　　在厚度达 120 米的海洋上层，由于海水被不断搅拌，温度实际上是均匀的（在深度上）。紧接上层的是温跃层，温度在其中急剧降低至 0℃~2℃。这一层下面温度又保持恒定而压力随深度而增加。在上层，声速由于压力增加而随深度逐渐增加。靠近上层下界和温跃层处，温度急剧变化（降低），以致声速相应的

潜　艇

降低比声速由于压力增加而来得快。在温度已经恒定的温跃层的下部地区，声速又由于压力的增加而增加。在上层，声束从直线轨迹向上挠曲。因此，强脉冲进入接收装置，这就保证了能清楚地"看"到位于上层水中的目标。声脉冲也可以进入温跃层。但是，由于这一层中的温度梯度是负的，所以声束的折射轨迹低于直线。因此，接收装置记录到的脉冲能量很小。对声脉冲传播影响最大的是上层海水的下界面。声速的突然变化，造成声脉冲传播方向的急剧变化：形成了声脉冲传不到的所谓"声影区"。上层厚度越小，声影区越大。在夏季好天气刮小风的情况下，上层厚度降低到 1 米时，在 50 米的深度就可以出现声影区。

潜艇很容易隐藏在这种地区，通常的声呐无法发现它们。有两种侦察这种影区的方法：第一种是把发射换能器装置在温跃层。那样一来，大部分声脉冲就在这一层传播，这就能发现位于远距离的目标。但是，使用这种声呐，必须有大功率的声源，因为由于受声波折射制约的声束拓宽，脉冲的强度就会降低。第二种方法是使用波长大于上层海水厚度的超低频声。对这种声波来说，海水就像是均匀介质。但遗憾的是，这又使我们回到了换能器体积的老问题上来了。要产生频率为 10 赫的任何定向声束，就得有直径为 200 米的换能器！

研制远距离声呐最有希望的方向是建立声发系统（用固定声道远距离测距的系统）。声发的工作原理是应用声速在温跃层下面达到最低值处传播的声波。在这一深度产生的声，由于折射的原因，总是沿与声速最小值相应的方向传播，形成一条天然的深水声道，可以起最好的波导的作用。这种非常有效的声通道确实存在。通常位于一定的深度，例如，在大西洋是 1 274 米；在太平洋东北部是 637 米。通过一系列实验，研究了应用声发系统的可能性：利用安放在深海声道区的测声站，成功地"听到"了在很远距离外的爆炸声。这就使现在的声发系统能够发现水下发射导弹的位置。但是，声发系统在和平事业方面，也就是在远距离导航系统中利用的前景最灿烂。现在我们还无法判断这种声波导航系统的准确性，但是，拉蒙特地质实验室（在美国）的科学家，用声发在印度洋中把信号从百慕大群岛发到约 20 000 千米以外距离的实验，证明了声发系统具有很大的潜力。

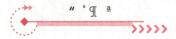

潜　　艇

　　潜艇是既能在水面航行又能潜入水中某一深度进行机动作战的舰艇，是海军的主要舰种之一。潜艇在战斗中的主要作用是：对陆上战略目标实施核袭击，摧毁敌方军事、政治、经济中心；消灭运输舰船、破坏敌方海上交通线；攻击大中型水面舰艇和潜艇；执行布雷、侦察、救援和遣送特种人员登陆等。

　　潜艇具有这样的特点：能利用水层掩护进行隐蔽活动和对敌方实施突然袭击；有较大的自给力、续航力和作战半径，可远离基地，在较长时间和较大海洋区域以至深入敌方海区独立作战，有较强的突击威力；能在水下发射导弹、鱼雷和布设水雷，攻击海上和陆上目标。

延伸阅读

水　下　通　信

　　用于水下传递信息的声学系统比较复杂。这种系统有两种：以电码传递信息的遥测系统和言语传递的系统。如今，声学遥测已经逐渐渗透到和平研究事业。这里首先要谈一谈把从水下各种装置收到的信息（如深度观察、温度、盐分、海洋噪声级、地震记录等）如何传递到水面的问题。传送信号可以用调频或脉冲调制。使用脉冲调制器，可以同时传递若干类型的信号。当然，远距离声遥测，也有同我们在前面所讲过的远距离声呐一样的优缺点。据最近估计，海洋科学家和拖网鱼船声呐操作人员在不久的将来，只能期望出现有效半径约为 8 千米、信息传递速度每秒钟约为 400 比特的遥测系统。

　　水下言语传递，如两个潜水员通话，要用更复杂的方法。主要的方法有两种：第一种是直接放大声信号，然后用电磁或陶瓷换能器传递出去。这种方法的优点是不需要专门的接收装置，声音直接可用耳朵听到。但有效半径较短，因为言语的高频成分会很快衰减。第二种方法以应用语言声调制的中低频信号为基础。潜水员使用小型水下电话就可在 2 千米之内相互交谈。使用类似的功率较大的系统，可以在相距若干千米的两船之间进行电话通话。潜艇之间的通信，目前是采用水下电报的方法。

变能装置换能器

现在，让我们来较为详细地研究一下，在水下发射出的声脉冲，是怎样变成回声探测所必须的定向声线的。把一种能变为另一种能的装置，叫做换能器。在声呐中，这种装置可以把电振动变为声振动，就像扬声器把电信号变为声信号（空气振动），传声器把声振动变为电振动一样。但是，由于空气和水的声学性质不同，它们的结构有很大差别。扬声器和传声器是电动式的（带电导线和恒定磁场相互作用产生机械振动），而换能器中通常利用的是某些材料在电场或磁场影响下能改变自己体积的特性。这里有必要讲一讲 3 种物理现象：磁致伸缩、压电效应和电致伸缩。

磁致伸缩换能器利用的是磁场。其磁场通常是交流电通过线圈时在线圈里形成的。线圈内放有磁性材料，磁性材料在交变磁场作用下，或是膨胀，或是收缩。这种换能器通常在频率不超过 10 万赫时使用。线圈本身经过仔细绝缘，因此，整个装置可以放心地放入水中。

压电换能器的主要元件是石英晶体。石英晶体在电场作用下，主要在一个方向改变自己的长度，因此，电振动产生机械振动，机械振动又传给水。反过来，水振动（声波）引起晶体机械振动，在晶面上形成交变电场，很容易用记录装置记录下来。实践中应用最广的电致伸缩换能器也用类似方法工作。这种换能器的特点是：某些材料（陶瓷）体积的变化依赖于所加电场强度，而与其符号无关。类似的材料可以举出的还有钛酸钡和钛—锆酸铅。

电致伸缩换能器以及压电换能器，都可以不透水层。但是，这种不透水层必须保证换能器产生的振动能"进入水中"。声波在液体介质中传播，经过金属或橡胶薄膜，把振动传给水。

现在有一个问题：用什么方法才能产生定向声束。水中或空气中产生的声从声源向所有方向传播（球对称）。第一次世界大战期间，只能用声波测出潜艇的距离，并不能测定潜艇的位置。如果能造出像探照灯光束一样的声波束，就能迅速测定目标的方向（在射线束宽范围内）。使用严格定向接收反射信号的接收装置，也能获得类似的结果。实际制造声呐时，这两种原理都用上了。

目前，声束的形成是基于干涉现象的应用：两列波以同一相位传播时相互叠加，形成较强的波；而在截然相反的相位运动时则相反，它们相互抵消。因而，相互靠近的两个声源将会形成一系列极小值和极大值（相应于声波抵消或重叠的地方）。结果，声强的分布就具有"花瓣形"的特点——形成一系列声束。随着声源数目的增加，干涉图越加复杂：形成各种大小的"花瓣"（波束的系统）。其中有一些很小很弱，但同时还有位于排成一条线的声源中间同声源连线垂直的强声束。定向接收反射信号的方法同定向发射的方法相同。在许多声呐系统中，同一个换能器（或一组换能器）通常既用来发射也用来接收声信号。

发射换能器（发射机）发出短的声信号（脉冲），其频率取决于发生器的频率和换能器的固有频率。像脉冲持续时间这种很重要的信号特性用开关选定。脉冲发射时接通钟表机械。脉冲到达目标后反

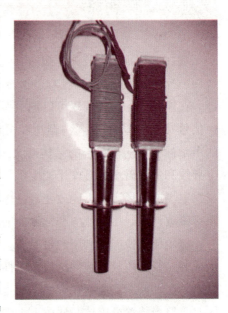

磁致伸缩换能器

射回来，由于声在传播中的衰减和目标只反射照射在它上面的部分能量，回声信号是比较弱的。反射回来的声脉冲进入接收换能器（接收机）。脉冲在这里又变成电信号，放大并被测量仪器记录。大多数声呐系统中，反射信号可以用目力观察，经常是记录在自动记录仪的纸带上。发射机刚一发生脉冲，自动记录仪的笔尖就横跨纸带运动。钟表机械通常附在自动记录仪上。反射信号进入接收装置，自动记录仪的笔尖就在纸带上记上标志。根据标志间的距离，可以判断信号发射和接收之间所经过的时间。在脉冲传到目标和返回的过程中，自动记录仪的纸带缓缓地做垂直于笔尖运动方向的运动。下一个脉冲发射时，笔

尖回到垂直方向的初始位置，又开始做横向纸带的运动。如果到目标的距离没有变化，那么，经过反射信号的全部标志可以作一根同纸带两边平行的直线。否则，这根直线就成了倾斜线。

有时候，用阴极射线管代替自动记录仪。反射信号在阴极射线管中靠电子束偏离记录。阴极射线管的基本优点是可以对一个地区（或目标）迅速扫描。

阴极射线管

阴极射线管（CRT）是由英国人威廉·克鲁克斯首创的，可以发出射线，这种阴极射线管被称为克鲁克斯管。德国人卡尔·费迪南德·布劳恩在阴极射线管上涂布荧光物质，此种阴极射线显像管被称为布劳恩管，在德国、日本等地，仍广泛使用布劳恩管这一称呼。但 CRT 得到广泛应用则是在电视机出现以后。

阴极射线管能减少阴极加热器耗电，其中，旁热式阴极结构体，具备热电子发射物质层的金属基底；在一端的部位上设有保持基底金属，在内部还设有收纳加热器游离电子的管状套筒；加热器的主要部分筒径较大，加热器腿部一侧的筒径较小，而且也是支撑套筒的异形支撑体。

延伸阅读

电子扫描声呐

目前已经研制成功多种类型的电子扫描声呐，这些声呐各有优缺点。所有这些装置的主要工作原理都是相同的。像通常的声呐一样，发射机以短脉冲形式发射的宽声束（约30°）扫描海洋的很大地区。接收用的换能器，结构却不一样。接收用的换能器接收窄声束（通常宽度为 0.33°或 1°），这种声束以很

大的速度扫过宽声束的整个扇形区，也就是扫描整个"被照明"区。如果窄声束在目标正被宽声束"照明"时碰到这个目标，那么，这时产生的反射脉冲，就被接收装置接受并记录下来。窄声束扫描空间的速度非常快，在宽声束照射的持续时间内就来得及扫过宽声束所罩住的整个扇形区。因此，窄声束来得及仔细侦察整个"被照明"区域。当然，用机械方法是达不到这样的扫描速度的。因此，窄声束的控制是通过电子装置实现的。

超声发生器与超声接收器

观看马戏团的动物表演，最吸引人的莫过于"小狗算算术"了。在一个大黑板上，驯兽员写上一个算式，不管是加减还是乘除，只要答案不超过10，小狗都能用叫声给出正确的答案，令观众感叹不已。不知内情的人，以为小狗真的会算算术，其实大谬不然。这里面有个小小的秘密。

原来，狗有两只特殊灵敏的耳朵。它除了可以听见"可听声"外，还能听见3.8万赫的超声。据此，驯兽员利用暗藏的小型超声发生器，只要发出某一超声信号，经过训练的小狗，就能按照信号发出一定数目的叫声来。由于观众无法听见这种超声信号，所以就感到十分惊奇了。

超声发生器是人工产生超声的装置。最早的超声发生器是由英国人伽尔顿在1883年发明的。因它工作原理类似体育裁判使用的哨笛，所以叫"伽尔顿哨"。吹哨笛时，快速的气流冲击哨笛内腔的尖形边缘，便会发出声音来。哨笛的内腔越小，发出的声音频率越高。如果哨笛的内腔小到一定程度，发出的声音就会成为超声。伽尔顿哨就是根据这个原理制成的。伽尔顿哨用来产生超声的气流可以靠嘴去吹，也可以用空气压缩机产生的压缩空气。伽尔顿哨的功率很低，最早用来驯狗，现在多用在洗涤机之类的小型机械上，做清洁物体上污点之用。

为了获得较大功率的超声，20世纪以来，人们又在极力寻找产生超声的新的途径。在这时候，人们想起了扬声器。无论收音机、扩音机还是录音机，工作时它的扬声器都有声音传出来，这声音是由电子放大器放大的电流转化来的。如果把普通的扬声器在结构上做一些改变，不是可以让它产生出超声来吗？实践的结果表明，这条路是可行的。不过，利用扬声器做超声发生器，产生的超声频率只有 3 万至 5 万赫，频率再增加，它的工作效率就会显著降低，因此使用价值不大。

但是，用扬声器来产生超声，给了人们一个启示：可以把电流转化为超声。问题是要获得频率高、功率大的超声，必须要找到合适的电声转换器件，也就是"换能器"才行。经过广大科技人员多年不断的研究，现在世界上已经出现了两种应用广泛的"换能器"：电致伸缩换能器和磁致伸缩换能器。

电致伸缩换能器，是利用所谓的"逆压电效应"的原理制成的。很早人们就发现，石英一类的晶体薄片，如果在它的两面施加作用力，它就会发生变形，同时两面产生不同的电荷：施加压力，晶片伸长而变薄，上面产生正电荷，下面产生负电荷。施加拉力，晶片缩短、变厚，上面产生负电荷，下面产生正电荷。这种现象就叫压电效应。如果反过来，通过电源在晶片上下两面加上不同的电荷，它就会变厚或变薄，这就是逆压电效应，或叫电致伸缩现象。根据电致伸缩现象，把电流方向不断变化的交流电，加在石英晶片上，晶片就会忽而变厚忽而变薄地振动起来。只要交流电的频率高于 2 万赫，晶片就能产生超声出来。利用电致伸缩换能器，可以产生几百万赫高功率的超声。

超声发生器

1842 年，英国科学家焦耳发现，把镍棒或铁棒放在磁场里，它的长度会发生变化，这就是磁致伸缩现象。根据磁致伸缩现象制成的"磁致伸缩换能器"，外形和结构跟普通的变压器差不多。不过它的"铁芯"是由铁镍合金薄片组成的，外面绕以线圈。当线圈中通上高频率的交流电时，交流电产生的交变磁场便会使"铁芯"一伸一缩地振动起来，从而产生出超声来。

有趣的是，利用电致伸缩和磁致伸缩现象，人们还制成了"超声接收器"。不过它的工作原理恰好同超声发生器的工作原理相反，它是把接收到的超声信号，通过晶片或镍棒的振动产生出高频电流。这种高频电流经电子放大器放大后，可以用仪器显示出来。根据仪器的显示，很容易知道接收到的超声的频率和强度，并且还能判断出超声传来的方位和距离。

ZIRAN DE YUNLV

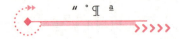

焦　耳

　　焦耳（1818～1889），英国物理学家，出生于曼彻斯特近郊的沙弗特。他的第一篇重要的论文于1840年被送到英国皇家学会，当中指出电导体所发出的热量与电流强度、导体电阻和通电时间的关系，此即焦耳定律。1852年焦耳和汤姆孙发现气体自由膨胀时温度下降的现象，被称为焦耳—汤姆孙效应。这个效应在低温和气体液化方面有广泛的应用。他对蒸汽机的发展做了不少有价值的工作。焦耳还提出能量守恒与转化定律：能量既不会凭空消失，也不会凭空产生，它只能从一种形式转化成另一种形式，或者从一个物体转移到另一个物体，而能的总量保持不变，奠定了热力学第一定律（能量不灭原理）之基础。

　　由于他在热学、热力学和电学方面的贡献，皇家学会授予他最高荣誉的科普利奖章。后人为了纪念他，把能量或功的单位命名为"焦耳"，简称"焦"；并用焦耳姓氏的第一个字母"J"来标记热量。

延伸阅读

能听到超声的夜蛾

　　有的昆虫虽然自身不能发出超声，但却能听到外来的超声。夜蛾便是一例。夜蛾是危害棉花、玉米和果树的一种害虫，它在肚皮上长着两只特殊的"耳朵"——鼓膜器，能够听到20万赫的超声。夜蛾的天敌是蝙蝠，当蝙蝠在它附近出现时，它就是凭着两只"耳朵"收听到蝙蝠发出的超声信号，及时躲避开蝙蝠的袭击的。夜蛾的"耳朵"非常灵敏，它能在充满噪声的情况下，分辨出蝙蝠发出的、几乎是觉察不到的声音。其灵敏程度，比目前世界上最好的微音器还高明得多。除夜蛾之外，黄蜂、蚊蝇、蟑螂等昆虫都可以接收5万至6万赫的超声。

人类通过研究某些昆虫的超声"语言"，找到了一条防治害虫的途径。例如，有人在棉田和果园里安装上一种特殊装置，将模拟蝙蝠的超声播放出去，结果夜蛾等一些害虫慌忙逃窜，从而使作物产量提高了20%以上。

超声探路装置

一个人失去眼睛，其痛苦是可以想见的。他不仅看不到五彩缤纷的世界，而且连上街走路也十分不便。平常我们看到盲人在街上总是用一根拐棍试探着走路，通过聚精会神地倾听各种声响来了解周围环境的情况，以便绕开障碍而安全行走，步履甚是艰难。那么，有没有办法让盲人扔掉拐棍，像正常人那样大模大样地在马路上行走呢？人们从对蝙蝠、海豚一类动物运动的研究中，看到了解决这个问题的希望。

蝙蝠和海豚的视力都很弱，但它们却能在黑暗的环境中自由地捕食和避开障碍物。这里面的奥秘就在于，它们不是靠眼睛，而是靠耳朵来"看"东西的。盲人是不是也能依靠耳朵"看"东西呢？有人做了这样一个试验：把受试者的眼睛蒙上，坐在一个十分安静的屋子里。手里拿着一个声波发生器，不断向周围物体发出一个个的声脉冲，然后仔细倾听反射回来的声音。结果，经过几次训练后，他便能从听取的回声中，大致知道室内物体的方位和距离。这个试验表明，只要有一套类似蝙蝠、海豚那样的回声定位装置，经过训练的盲人，是完全可以靠听声音来"看"东西的。

各种超声发生器和超声接收器的不断出现，为人们研制盲人探路装置创造了条件。最早出现的盲人探路装置叫"障碍物感应发声器"，它由1个超声发射器和2个超声接收器组成。整套装置挂在盲人胸前，接收器与戴在盲人头上的耳机相连。发射器可以发射出6万至8万赫的超声脉冲，从障碍物反射回来的回声，被接收器接收后，经过处理最终变为耳机中的可听声。障碍物的距离不同，耳机中声音的音调就不同，盲人据此可以判断离开障碍物的远近。另外，障碍物在盲人的左侧还是右侧，两个耳机中的声音音调略有差异，经仔细辨听后，盲人还可以确定障碍物的方位。

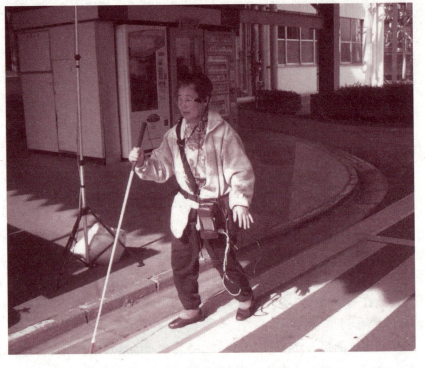

超声导盲器

　　近年来，随着微电子技术的发展，还出现了一种更为精巧的"超声导盲器"，有人也把它叫做"盲人探路眼镜"。这种眼镜看上去同普通墨镜差不多，所不同的是，在眼镜鼻梁架的上方装着一个微型超声波发射器，左右两边各有一个盘状的接收器，两条镜腿上还有两只蜂鸣式耳机，跟接收器相连。发射器可以发射 4 万赫的超声脉冲信号。发现障碍物后，反射回来的回声经接收器中的电子线路转换成可听声由耳机传出，盲人根据回声的音调来判断障碍物的距离和方位。这种探路眼镜的有效作用距离分 1.5 米和 4 米两挡，人多的地方使用近挡，人少的地方使用远挡。在作用距离内，只要有一个物体出现，就会产生连续的叫声，物体越近，声音越急促，音调也越高。利用这种探路眼镜，盲人能从十几辆自行车构成的包围圈中找到缺口走出去，有的还能上下台阶，在室内还能找到桌上的保温瓶、茶杯等物。

　　超声探路装置的发明，无疑赋予了盲人一双"眼睛"，给他们的生活带来了许多的方便。不过由于目前技术水平所限，这种装置还有许多不完善的地方。随着今后电子计算机等技术的发展，用更先进的科学技术帮助盲人独立行动的前景，还是十分乐观的。

脉冲信号

脉冲信号是瞬间突然变化，作用时间极短的电压或电流。可以是周期性重复的，也可以是非周期性的或单次的。脉冲信号是一种离散信号，形状多种多样，与普通模拟信号（如正弦波）相比，波形之间在时间轴不连续（波形与波形之间有明显的间隔）但具有一定的周期性是它的特点。最常见的脉冲波是矩形波（也就是方波）。脉冲信号可以用来表示信息，也可以用来作为载波，比如脉冲调制中的脉冲编码调制（PCM）、脉冲宽度调制（PWM）等等，还可以作为各种数字电路、高性能芯片的时钟信号。

延伸阅读

海伦·凯勒

海伦·凯勒（1880～1968），出生于美国亚拉巴马州北部一个小城镇——塔斯喀姆比亚。她在19个月的时候因为一次连续几天的高烧，治愈后留下后遗症，从而失去视力和听力。在这黑暗而又寂寞的世界里，她并没有自暴自弃，而是自强不息，在导师安妮·莎莉文的帮助下，海伦学会用顽强的毅力克服生理缺陷所造成的精神痛苦。她热爱生活并从中得到许多知识，学会了读书和说话，并开始和其他人沟通。以优异的成绩毕业于美国哈佛大学拉德克利夫学院，成为一位学识渊博，掌握英语、法语、德语、拉丁语、希腊语5种文字的著名作家和教育家。她走遍世界各地，为盲人学校募集资金，把自己的一生献给了盲人福利和教育事业。她被美国《时代周刊》评为美国十大英雄偶像，荣获"总统自由勋章"等奖项。主要著作有《假如给我三天光明》《我的生活》《我的老师》等。

超声探伤仪

几年前，在美国发生了一件特大黄金伪造案，轰动了整个金融界。一天，纽约一家金银饰品公司从银行金库里购来一批金块进行熔化，突然发现这批货是假的，因为在熔化的金黄色液态金子的表层，浮起了大量灰黑色的液态金属。按说，伪造黄金是件不容易的事。因为，首先它有着特有的闪亮的金属光泽，明眼人一眼就可分辨出真伪。其次，黄金的密度为19.3克/立方厘米，如果往里面掺入其他金属，其密度就会变化，用密度测量仪器也很容易检查出来。那么，这批"金块"作案者又是怎样伪造出来的呢？后来经过专家们鉴定分析，才把这一谜团解开。原来，这些假金块的芯子，是经过处理的金属钨，它的密度几乎与黄金相同，外面又裹上了一层薄薄的真金，叫人真假难辨，因此瞒过了收购人员的眼睛。

为了及早侦破此案，捉拿罪犯，警方认为应尽快找到一种无损识别这种假金块的新方法。于是，他们将这一任务交给了一位见多识广的技术专家。开始这位专家也感到此事十分棘手，后来有一次他到医院看病，医生对他做超声检查启发了他：超声既然可以隔着肚皮窥探体内器官，何不用它来透视一下假金块的"肚内货色"呢？为此，他特意找来一台专门用来检测材料的超声探测仪，对真假金块一一进行识别试验。结果，奇迹出现了，在探测仪探头锐利的"目光"下，假金块原形毕露，无一漏网。根据这位专家的建议，警方为每一黄金收购处配置了一台超声探测仪。不久，依靠这种仪器在收购处当场查获了一个出卖假金块的案犯，一举破获了这个伪造金块的犯罪团伙。

听了上面的故事，你一定会问：超声为什么这么神通广大，能识别真假金块呢？其实这里面的道理很简单。大家知道，超声有很强的穿透本领，它能在金属中像光线一样沿着直线传播。如果在传播过程中遇到另外一种物质（别的金属或空气层），它就会在两种物质的分界面上发生反射而产生回波。超声探测仪探头上，有超声发射器和接收器，分别负责超声的发射和回波的接收。

把探头紧压在金块的一个表面上，每隔一定时间向金块内部发射一束超声信号。如果是真金块，探测仪的显示屏上就会出现一前一后两个尖峰，即发射波和底面回波。如果"金块"是金皮包着钨芯的假货，那么"金块"里面又多了两个分界面，这样显示屏上在发射波和底面回波中间，就会多出两个尖峰。根据这两个尖峰在显示屏上的距离，还可推算出钨芯的厚度和包金的厚度。超声探测仪就是这样凭着它那"火眼金睛"巧破黄金案的。

超声探伤仪

用来检测金属材料的超声探测仪，是 1942 年美国科学家费尔斯顿发明的，它主要是用来探测材料内部缺陷的，因此又叫超声探伤仪。许多金属制件，像钢梁、锅炉、齿轮、转轴等，因铸造、加工、焊接等方面原因，内部往往出现气泡、砂眼、裂缝等缺陷。如果不及早把它们检测出来，轻则影响使用寿命，重则要造成重大事故。但缺陷在材料内部，从外表是根本无法发现它们的。最早是用 X 射线或者 γ 射线方法，来探测这些缺陷，但 X 射线穿透力较差，它最多只能穿过 30 厘米的金属层，因此不能检测大型机件；γ 射线只能发现大的缺陷，对于小于 4 毫米的缺陷就无能为力了；而利用超声来对材料"探伤"，效果就不一样了。超声能穿透几十米的金属层，能发现极小的砂眼和极细的裂缝，而且设备轻巧，使用方便迅速。现在有一种超声钢轨探伤列车，上面装有超声探伤仪。列车一边行驶，还可以一边探查钢轨有无裂纹，每小时探查的钢轨达 30～40 千米。近半个世纪以来，运载火箭、宇宙飞船、人造卫星、航天飞机等现代化的航大工具陆续出现。它们在上天之前，都要进行一番认真"体检"的。而担负"体检"任务的"医生"，就是超声探测仪。

γ 射 线

γ射线（读作伽马射线）是波长短于0.2埃的电磁波。放射性原子核在发生α衰变、β衰变后产生的新核往往处于高能量级，要向低能级跃迁，辐射出γ光子。它首先由法国科学家维拉德发现，是继α、β射线后发现的第三种原子核射线。原子核衰变和核反应均可产生γ射线。γ射线的波长比X射线要短，所以γ射线具有比X射线还要强的穿透能力。工业中可用来探伤或流水线的自动控制。γ射线对细胞有杀伤力，医疗上用来治疗肿瘤。

α、β 射线

英国实验物理学家卢瑟福于1898年发现铀和铀的化合物所发出的射线有两种不同类型：一种是极易吸收的，他称之为α（读作阿尔法）射线；另一种有较强的穿透能力，他称之为β（读作贝塔）射线。α射线是一种带电粒子流，由于带电，它所到之处很容易引起电离。α射线有很强的电离本领，这种性质既可利用，也带来一定破坏作用，对人体内组织破坏力较大。由于其质量较大，穿透能力差，在空气中的射程只有几厘米，只要一张纸或健康的皮肤就能挡住。β粒子的比电离值比相同能量的α粒子小很多，带电粒子通过物质时，在径迹上将产生很多离子对，射线在单位路程上产生的离子对数目被称为比电离或电离密度。对于单能快速电子，在空气中的比电离值与电子的速度有关，速度越大，比电离值越小，穿透本领也越强。

超声在医疗上的应用

　　一天，一位孕妇来到医院，要求医生为她检查一下胎儿的发育情况。医生把孕妇领进一间昏暗的屋里，让她平躺在床上，并在腹部涂抹上一层液蜡。然后拿着一个棒状的探头，在液蜡涂过的地方慢慢移动着。这时只见与探头相连接的一台仪器的荧光屏上，立即出现了一幅清晰的胎儿的图像，并且还看见胎儿的头在动呢！这位医生用来为孕妇查体用的仪器，就是超声诊断仪。

　　自从 1895 年，德国科学家伦琴发现 X 射线并应用到医学临床上以后，人类便开始掌握了应用图像显示来诊断疾病的方法。不过，由于用普通 X 射线检查得到的人体器官图像还不够清晰，再加上 X 射线对人体有一定的伤害，不适合作某些方面的检查（如诊断胎位、检查脑病等），因此人们在应用 X 射线显像方法诊断疾病的同时，又努力寻找更加准确可靠和安全无害的新的显像诊断方法。

　　用超声对金属制件进行无损探伤研究的成功，给了人们很大的启示：是否也能用超声对人体进行"探伤"并把它显示成像呢？1942 年，德国医生杜西莱首先报道了他利用超声探测仪诊断颅脑的情况，此后有关超声显像诊断的研究工作，便如雨后春笋般地开展起来，并不断出现了许多新技术和新设备。

　　最早出现的超声诊断仪器，叫 A 型超声诊断仪，它的工作原理同工业上用的超声无损探伤仪差不多。它的主要工作部分是一个换能器（探头）和示波器。由换能器发射的超声脉冲信号和从人体内两种脏器界面反射回来的回声脉冲信号，可以在示波器屏幕上用波形显示出来。如果在脏器上有病变组织（如肿瘤、血块等），它也会产生回声信号，并用特殊的波形显示在示波器屏幕上。医生通过观察和分析示波器上的波形图，便可判断出脏器上有无病灶和病灶的大小。

　　用 A 型超声诊断仪作人体透视，在屏幕上只能出现波形图，而不能显示图像。为了得到"声像图"，以后又出现了 B 型超声诊断仪。B 型超声诊断仪的探头，是一种电致伸缩换能器，它由数十块小晶体片组成，它们紧紧排成一行，在电子开关的控制下，依次轮流向人体内发射超声脉冲信号。由于人体各脏器组织的密度不同，超声在其中传播情况也就有所不同，因此从各处反射回

来的回声信号也就有强有弱。这些强弱不同的回声脉冲信号，送至显像管变成屏幕上一个个亮度不一的光点，这许许多多光点组合起来，便形成了一幅脏器断面图像。

由于有了 B 型超声诊断仪，医生不仅能直接观察脏器及其上面的病灶，而且还能看到脏器的活动画面。

不过，上面讲的 B 型超声诊断仪，显示的还只是脏器的一幅单色的断面图像。现在人们已经把超声显像设备同电子计算机结合起来，制成了能够显示彩色断面图像和彩色立体图像的新型超声诊断仪，进一步提高了超声诊断的准确率和速度。

把超声多普勒探测技术和超声显像诊断技术结合起来，制成的超声多普勒成像仪，是另一类新型的超声显像设备。超声多普勒技术，是根据多普勒效应发展起来的一种测量血流速度和心率的技术，它在诊断心血管疾病方面有很重要的作用。但一般的超声多普勒技术，只能给出流速曲线图，却不能让医生清晰地掌握血管阻塞和狭窄的部位。超声多普勒成像仪的出现，成功地解决了这一难题。目前利用该设备，已能"看见"直径只有 1 毫米的静脉，能准确地知道通过各个心瓣膜的血液流量。以前要查出某些肝病的病因，需要几个星期复杂的验血或危险的手术。现在利用超声多普勒成像仪，医生能很快知道哪里有阻塞或损伤。然后用针刺入该位

B 超诊断仪

置，抽取细胞进行检验，只要几小时，就能查明病因、病的严重程度和范围。

对于因车祸、摔伤等原因造成的骨折，过去一直采取保守疗法：医生先通过手法或牵引使伤骨复位，然后用夹板或石膏把伤肢固定起来，再后就是长时间卧床休息。这种治疗方法不仅康复时间长，而且疗效也不佳，很容易引起伤

肢的肌肉萎缩和关节僵硬，有的还因卧床时间长，引起心血管和呼吸器官的并发症。以后，世界各国的医生都改用外科手术来治疗骨折。手术治疗骨折，疗效高，住院时间短，但因手术中要用各种金属物（如无头针、螺丝、钉子、铁丝等）固定碎骨，所以骨头愈合后还需要再为病人做一次手术，将金属物取出，病人痛苦很大。采用超声治疗骨折，在治疗方法和治疗效果上就好出了许多。手术时，医生根本不用开刀，只须将一束超声聚焦于骨折的地方，切开软组织，将断骨"焊接"在一起就行了。"焊接"所形成的聚集物，日后会在机体内逐渐发生改变，慢慢地为病人自身的骨组织所代替。超声手术对机体组织的损害较小，因而也适用于整复术、骨肿瘤或化脓性炎症病灶切除术。此外，在做肢端、大脑和胸腔器官手术时，应用超声可以轻而易举地切断用过去外科手术难以达到的部位的骨组织。

超声手术是通过将超声能量聚焦于人体上的局部，从而对该处活组织产生巨大的破坏力来实现的。早在 1952 年，美国阿尔斯兰教授首先利用超声治疗梅尼埃病，并获得了成功。以后人们又开展了超声治疗帕金森综合征的研究，也取得了积极的进展。近年来，各国广泛应用强超声来粉碎体内结石（肾结石、膀胱结石等），效果很好。此外，牙科医生用超声在牙齿上打洞、清除牙结石、治疗牙龈炎和牙周炎等疾病，也已在世界各国普遍展开。

利用超声除了可以开展外科手术外，还可以用来治疗其他一些疾病。很早人们就发现，强度不大的超声，对人体的组织细胞和神经系统可以起到细微的按摩作用，因此可以用它来治疗神经痛、肌肉损伤和各种炎症。在眼科，超声对视网膜的按摩作用，可以使伸张的眼球逐渐松弛，从而达到治疗近视眼的目的。有报道，利用超声对早期近视眼的治愈率达 80%。另外，由于超声的振动频率很高，因此当它穿过人体组织时必然引起组织细胞边界面的摩擦而产生热。这种热会使血管扩张，血液循环加速。同时超声也能提高细胞膜的通透性，促使组织的新陈代谢和再生能力增强。利用超声的这一功能，我国医务人员治疗由早期脑血管破坏造成的意外偏瘫，取得了良好效果。现在国外科学家正在研究如何把传感器送进心脏，以便利用超声来疏浚阻塞或已变厚的动脉血管。目前这项技术已在腿部试验成功，估计在 3~5 年内可全部完成。如果这项治疗技术取得成功，那么，对人类生命有着巨大威胁的冠心病，可望得到根治。

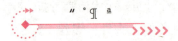

X 射 线

　　X射线是波长介于紫外线和γ射线之间的电磁辐射。它是一种波长很短的电磁辐射，其波长约为（0.06～20）×10^{-8}厘米之间。由德国物理学家伦琴于1895年发现的，故又称伦琴射线。X射线具有很高的穿透本领，能透过许多对可见光不透明的物质，如墨纸、木料等。这种肉眼看不见的射线可以使很多固体材料发生可见的荧光，有使照相底片感光以及空气电离等效应。波长越短的X射线能量越大，叫做硬X射线；波长长的X射线能量较低，称为软X射线。波长小于0.1埃的称超硬X射线，在0.1～1埃范围内的称硬X射线，1～10埃范围内的称软X射线。

延伸阅读

B超的工作原理

　　超声能向一定方向传播，而且可以穿透物体，如果碰到障碍，就会产生回声，不相同的障碍物就会产生不相同的回声，人们通过仪器将这种回声收集并显示在屏幕上，可以用来了解物体的内部结构。利用这种原理，人们将超声波用于诊断和治疗人体疾病。在医学临床上应用的超声诊断仪的许多类型，如A型、B型、M型、扇型和多普勒超声型等。而B型是临床上应用最广泛和简便的一种。

　　B超工作的基本原理：是向人体发射超声波，由于人体各种组织有声学的特性差异，超声波在两种不同组织界面处产生反射、折射、散射、绕射、衰减以及声源与接收器相对运动产生多普勒频移等物理特性。应用不同类型的超声诊断仪，采用各种扫查方法，接收这些反射、散射信号，显示各种组织及其病变的形态，结合病理学、临床医学，观察、分析、总结不同的反射规律，而对病变部位、性质和功能障碍程度作出诊断。

通过 B 超可获得人体内脏各器官的各种切面图形比较清晰。B 超适用于肝、胆、肾、膀胱、子宫、卵巢等多种脏器疾病的诊断。B 超检查的价格也比较便宜，又无不良反应，可反复检查。

超声的空化作用

俗话说："水乳相融，油水分离。"自古以来人们一直认为，油和水是天生的冤家对头，它们永远不能融和在一起。但是，20 世纪初科学家的一个实验，却改变了人们的这种看法。1927 年，美国科学家卢米斯和符德，在实验室里把油和水倒入一个杯中，然后通入一定强度的超声。不消片刻，浮在水面上的油层不见了，而杯里的水也变成了乳浊液，即使静置很久，也是这个样子。这说明油水已经交融在一起了。

超声为什么有这么大的神力，能把油和水融和在一起呢？原来这是它的空化作用所显示的威力。

大家知道，超声是一种机械振动，在它通过液体时，就会把这种振动传递

超声波清洗机

给液体。因此，在超声作用下，液体就一会儿受压变密，一会儿又受拉变疏。由于液体有一种怕拉不怕压的特性，在受拉时，它很容易在强度薄弱的地方发生断裂。这样，在液体中就要产生许许多多的小空泡。这种小空泡存在的时间很短，当液体再一次受压变密时，它就会立即闭合，闭合时产生很强的冲击波，强度达几千甚至几万个大气压。这种现象就叫空化作用。空化作用有很强的破坏力，它所产生的冲击波，能把所经过地方的液体击碎成一连串微滴。因为超声的频率很高，它在每一瞬间都会使液体产生大量的小空泡，又有大量的小空泡破灭。这样在液体中就不断产生着无数多个细微的液滴。如果液体中既有油又有水，细微的油滴和水滴就搅混在一起而无法区分。换句话说，就是油水融和了。

超声促使油水融和，帮助工业生产解决了许多过去无法解决的难题。例如，印刷用的油墨，在印刷材料时，必须加入胡麻油稀释后才能使用。由于胡麻油价格高且使用量大，所以人们一直想用水来代替胡麻油，但苦于没有找到好办法。后来我国某厂的技术人员利用超声技术，却解决了这个"油墨掺水"的问题。他们向油墨中加入 50% ~60% 的水，然后用几万赫的超声处理使其变成一定浓度的油墨，再加入一些表面活性剂，这样形成的油墨放置数月也不会沉淀分离，既降低了生产成本，又提高了印刷质量。又如，近年人们通过试验，利用超声可以制备掺水 35% 的氢柴油，节能率达 25%，而且机车功率增大，运行里程增长，排污量减少。此外，在化学工业和制药工业中，人们利用超声的空化作用，还能像使油水交融一样，把密度不同的两种液体融合在一起，制备出符合需要的溶乳液。

其实，超声不仅能使不同的液体交融在—起，而且还能把固体击碎，使它们均匀地混合起来。这在工业生产上也是有广泛用途的。例如，制作底片涂层用的乳胶，为了提高其感光性能，必须使其中的溴化银颗粒超微精细；在印染工业中，为了保证印染质量，必须使固体染料均匀分布在溶液中；在制药厂里，为了使生产的药品便于人体吸收，必须把不溶性药物研磨得粉碎，等等，这些高难度的工艺，都可以依靠超声来完成。另外，我国的钢铁工人，利用超声把煤粉和重油混合起来，在燃油锅炉中燃烧，实现了以煤代油、节约石油的目的，同时也为超声的应用找到了一条新的途径。

大 气 压

地球的周围被厚厚的空气包围着，这些空气被称为大气层。空气可以像水那样自由地流动，同时它也受重力作用。因此空气的内部向各个方向都有压强，这个压强被称为大气压。

大气压强大小与高度、温度等条件有关。一般随高度的增大而减小。在水平方向上，大气压的差异引起空气的流动。大气压是压强的一种单位，是"标准大气压"的简称。科学上规定，把相当于760mm高的汞柱产生的压强或 1.013×10^5 帕斯卡叫做1标准大气压。

超声波清洗精密零件

随着科学技术的发展，精密零件的清洗工作也越来越重要，对于那些形状复杂、多孔多槽的零件，像齿轮、细颈瓶、注射针管、微型轴承、钟表零件等，用人工清洗，既费时又费力。对于一些特别精密的零件，像导弹惯性制导系统中齿轮等部件，不允许沾染一点污垢，用人工清洗又难以达到清洗标准。

如果请超声波帮忙，问题就能迎刃而解。只要把待洗的零件浸到盛有清洗液（如肥皂水、汽油等）的缸子里，然后再向清洗液里通进超声波，片刻工夫，零件就洗好了。

这是清洗液在超声波作用下，一会儿受压变密，一会儿受拉变疏，液体可受不了这番折腾，在受拉变疏时会发生碎裂，产生许多小空泡。这种小空泡一转眼又会崩溃，同时产生很强的微冲击波。因为超声波的频率很高，这种小空泡便急速地生而灭、灭而生。它们产生的冲击波就像是许许多多无形的"小刷子"，勤快而起劲地冲刷着零件的每一个角落。因此，污垢很快就被洗掉，绝对令人满意。如洗手表，人工洗要一件件卸下来，功效很低。用超声波洗只要把整块机芯浸到汽油里，通进超声波，几分钟就能洗好。

超声波还可以帮助我们清洗光学镜头、仪表元件、医疗器械、电真空和半导体器件等许多重要的精密零件。

次声的应用及次声武器

早在第二次世界大战前，次声已应用于探测火炮的位置，可是直到 20 世纪 50 年代，它在其他方面的应用问题才开始被人们注意，它的应用前景很广阔，大致可分为下列几个方面：

（1）通过研究自然现象产生的次声波的特性和产生机制，更深入地认识这些现象的特性和规律。例如人们利用测定极光产生次声波的特性来研究极光活动的规律等。

（2）利用接收到的被测声源所辐射出的次声波，探测它的位置、大小和其他特性，例如通过接收核爆炸、火箭发射、火炮或台风所产生的次声波去探测这些次声源的有关参量。

（3）预测自然灾害性事件，许多灾害性现象如火山喷发、龙卷风和雷暴等在发生前可能会辐射出次声波，因此有可能利用这些前兆现象预测灾害事件。

（4）次声在大气中传播时，很容易受到大气媒质的影响，它与大气中风和温度分布等有密切的联系。因此可以通过测定自然或人工产生的次声波在大气中的传播特性，探测某些大规模气象的性质和规律。这种方法的优点在于可以对大范围大气进行连续不断的探测和监视。

（5）通过测定次声波与大气中其他波动的相互作用的结果，探测这些活动特性。例如在电离层中次声波的作用使电波传播受到行进性干扰。可以通过测定次声波的特性，更进一步揭示电离层扰动的规律。同样，通过测定声波与重力波或其他波动的作用，可以研究这些波动的活动规律。

（6）人和其他生物不仅能够对次声产生某种反应，而且他（它）们的某些器官也会发出微弱的次声，因此可以利用测定这些次声波的特性来了解人体或其他生物相应器官的活动情况。

（7）次声波武器即一种由高能放大器驱动特制扬声器发射大功率 20 赫以下的低频声波即次声波的武器装置，一般由次声波发生器、动力装置和控制系统组成。

那么，次声何以能杀人？这是由于次声的损害作用，主要和它的强度有关。在强度不大时，它只是使人在心理上产生某种不舒适的感觉；强度稍大，就会引起一些生理上的症状，如头痛、晕眩、恶心、胃疼、精神沮丧等；强度再大，则会造成器官和功能的损伤，如耳聋、肌肉痉挛、四肢麻木、语言不清、神经错乱等；如果强度更大，由于器官和次声的共振，将会导致五脏俱裂，引起死亡。科学家早就通过动物实验证实了这一点。实验用的次声源，是一个密闭的柱形大空腔，用一个大功率马达带动活塞，产生强度和频率可以控制的次声。把狗、猴子、狒狒和栗鼠等动物，分别放在空腔内。当空腔内的次声强度达到 172 分贝时，人们发现这些动物呼吸显著困难，几乎出现窒息，不一会儿狗先死去了，栗鼠的耳膜也破碎了。当次声强度增大到 195 分贝时，这些动物全都死亡了。经尸体解剖，发现这些动物的心脏出现了破裂。

次声武器

既然高强度的次声有如此大的杀伤力，它又具有非凡的穿透本领，那么人们很自然想到，用它来制造新式武器。在次声武器研制初期，法国报刊上曾经登载过一则骇人听闻的消息，说科学家加弗罗研制出了一种"次声枪"，用它可以把十几千米外的人震得血肉模糊，即使躲在坦克、潜水艇里的人也不能幸免。这则消息传出来后，轰动了世界舆论。但是，许多科学家对此都抱着半信半疑的态度。因为他们十分清楚，从道理上讲，用次声制作杀伤武器完全是有可能的，然而具体制作起来却困难很大。首先，当时人们研制的次声源还比较简单，很难产生致人以死命的特高次声。即使能够制造出这样强大的次声源，也必然是一个庞然大物，绝不会像枪炮那样便于使用。其次，也是更重要的，枪炮一类的武器要击中攻击目标，必须使子弹或炮弹朝一定的方向发射，而次声由于频率很低，波长很长，它易于"发散"，极难聚集成束沿

ZIRAN DE YUNLV

着某一方向传播，因此所谓"用次声枪可以把十几千米外的人震死"云云，纯属误传，是很难实现的。后来经查明事实，情况确是如此。原来加弗罗研制的所谓的"次声枪"，实际上是一个用水泥密闭起来的大哨笛，它只能产生强度为160分贝的次声。用它既不能把次声像子弹一样射向远处，也不会致人以死命，最多也只是对人体器官产生一定程度的损伤。

虽然研制次声武器困难很多，但是次声武器独有的杀伤本领和巨大威力，仍吸引着许多军事科学家乐此不疲地做着努力。据说，最近国外正在研制的次声武器有两种类型：一种是神经型的，它的振动频率同人大脑的阿尔法（α）节律极为相近，产生共振时能强烈地刺激大脑。另一种是内脏器官型的，它的振动频率与人体的内脏器官的固有频率相当，能使人的五脏六腑发生强烈共振，导致死亡。

次声武器一般由次声发生器、动力装置和控制系统组成，其中次声发生器是关键。次声武器的作用距离，决定于次声发生器的辐射声功率、指向性图案和声波的传播条件。次声波不易集聚成束，在空旷环境中很难产生高强次声。次声的波长很长，要使它定向传播，其聚集系统的尺寸将会很大（直径达几十米或几百米），实际上很难实现。因此，有的国家考虑采用两个频率相近的可听声波，使其频率差处在次声频率范围内，这样可较易实现次声的定向辐射。另外还有利用爆炸产生高强次声的次声弹的设想。

不过，全世界人民是热爱和平的，我们希望与和平利用原子能一样，把次声用于和平用途，造福人类。

狒　狒

狒狒是猴科的一属，是世界上体型仅次于山魈的猴，共分为5种，都分布于非洲地区。雄狒狒凶猛好斗，敢于和狮子对峙。属于杂食类，但也能捕获小型哺乳动物。

狒狒栖息于热带雨林、稀树草原、半荒漠草原和高原山地，更喜生活于这里较开阔多岩石的低山丘陵、平原或峡谷峭壁中。主要在地面活动，也爬到树上睡觉或寻找食物。善游泳。能发出很大叫声。白天活动，夜间栖于大树枝或岩洞中。食物包括蛴螬、昆虫、蝎子、鸟蛋、小型脊椎动物及植物。群居性强，群体有首领和明显的社会分工，行动时由年轻狒狒在四周警卫。常联合起来捕捉猎物，力气很大，几只狒狒便能袭击小型羚羊。

延伸阅读

气爆式与爆弹式次声武器

气爆式次声武器工作原理是将压缩空气、高压蒸汽或高压燃气有控制地以脉冲式突然放出，利用高速排出的气体激发周围媒质的低频振动，形成所需的次声波。这种次声装置因体积小、频率低、易控制，近年发展较快。但其次声波强度较低，近距离使用才有效。

爆弹式次声武器是利用爆炸产生强次声波，也可称为次声弹。爆炸所释放的能量约有50%形成冲击波，冲击波衰减后又产生次声波。目前的新型次声弹是将已有的燃料空气弹加以改进，使原来只能形成一个云雾团变成可以形成若干云雾团，并能连续多次引爆。只要控制好云雾团的数量和起爆时间间隔，就能获得所需频率的次声波。

声发射技术

1943 年 1 月，在一个寒冷的天气里，美国新造的一艘巨型油轮正在交付使用，突然发生了事故：油舱不可思议地裂为两截。据当事人回忆，油舱断裂前有一种嚓嚓的声响。这声响和那灾难是否有关系呢？

找一根细树枝，用力折它。当它快要断裂时，仔细听，它发出了声音！

把铁盒子贴到耳边，用手压盒盖，盒盖被压弯了，与此同时，耳朵也听到了声响。

如果能找到金属锡，你用两手反复地弯曲它，听！它"噼啪""噼啪"地提"抗议"了，这就是锡鸣。

生活中，这类现象也是常见的。用木棍抬东西，当木棍发出"咯吱""咯吱"的声响时，危险就要来临了。有经验的矿工在矿道中听到坑木的某种声音，就知道要发生事故了。上面这些利用声音判断事故的办法跟敲击探伤法不同，不是用其他力量去敲击物体发声，而是在外力作用下，由物体自身的隐患部位发出声音。为了和声撞击相区别，我们管这种现象叫声发射。

20 世纪 50 年代初，德国人凯塞尔做金属拉伸实验时，发现金属试样变形时会发出微弱的声音。这些微弱的声响使他想起了巨轮断裂等一系列事故。为了弄清楚这个问题，他和其他科学家对金属在拉伸或其他变形中的声发射现象进行了深入的研究，结果表明金属的声发射是由于内部产生位错运动而引起的。位错运动是金属内部小缺陷的运动，它是产生裂纹和断裂的基本因素。既然位错能引起声发射，而位错又是断裂的前提，利用声发射来预测断裂自然是成立的。

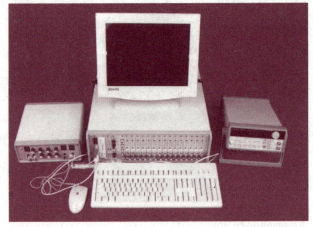

声发射监测系统

问题并不那么简单，金属的声发射信号远比周围的噪声微弱，另外，金属声发射的信号不但有可听声，而且有超声和次声，靠我们的耳朵去听，往往听不到，或者听到时已经来不及挽救了。

现代电子技术解决了一系列的难题，它既能把声发射信号放大，又能把声发射信号和环境噪声区别开，次声和超声它也能测量到。20 世纪 70 年代初，美国成功地在 C—5A 飞机上装置了声发射监测系统，这套装置能探测 48 个关键区或危险区的安全情况，一旦有事故隐患，这套系统就会报警，保证了飞行安全。

声发射技术是近 20 多年来兴起的现代技术，它在航空、航天、原子能以及金属加工方面有广泛的用途。在巨大的高压容器、发动机和核反应堆旁，声发射监测器正在默默无声地工作着，为人们的安全站岗放哨。

值得注意的是大地震前的声发射现象。

我国历史上关于地声的记载是很多的。像《魏书·灵征志》上就载有474年6月，山西"雁门崎城有声如雷，自上西引十余声，声止地震"。这"有声如雷"就是地声。这是世界上有关地声的较早记载。

1973年2月6日四川炉霍地震前数小时，就有可怕的声音从地下发出。1976年唐山大地震前5小时，就出现了地声。

不少学者认为，地声是一种声发射现象：地壳在聚积能量的过程中，会在岩体的脆弱部位首先发生微破裂，从而引起声发射。不过，微破裂时的声发射能量较低，频率又偏高，很难传到地面。这种破裂继续发展，就可能产生能量较高的声发射信号——这就是地声。

地震前的声发射是地震孕育过程中的一种物理现象，是一种地震前兆。如何利用它进行地震预报，是一项很有意义的科研课题。

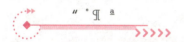

地 震

地震，是地球内部发生的急剧破裂产生的震波，在一定范围内引起地面振动的现象。地球，可分为3层。中心层是地核，地核主要是由铁元素组成的；中间是地幔；外层是地壳。地震一般发生在地壳之中。地壳内部在不停地变化，由此而产生力的作用（即内力作用），使地壳岩层变形、断裂、错动，于是便发生地震。

地震震级是根据地震时释放的能量的大小而定的。一次地震释放的能量越多，地震级别越大。目前人类有记录的震级最大的地震是1960年5月21日智利发生的9.5级地震，所释放的能量相当于一颗1 800万吨炸药量的氢弹，或者相当于一个100万千瓦的发电厂40年的发电量。而2008年的汶川地震所释放的能量大约相当于90万吨TNT当量的氢弹，或100万千瓦的发电厂2年的发电量。

敲击探伤法

完好的瓷器和有损伤的瓷器被敲击后振动情况不同，完好的瓷器各部分能一起振动；有了裂纹，各部分就振不到一起了，这样它们发出的声音就不同了。碗中装有空气、水和固体，也是由于内部情况不同，才发出了不同的声音。

摸清了这个规律，我们就能用敲击听声的办法探测物体内部的情况了。人们在这方面积累了丰富的经验。

工人检查机车的时候，常常用锤子敲敲要检查的部位，凭声音来判断机器有没有损伤，连接处有没有松脱，这就是简单的敲击探伤法。

听诊器的发明

听诊器是根据固体传声的道理制成的诊断疾病的仪器，现在它已经成为医生用来探听病人胸腔秘密的重要工具，被称为"挂在大夫胸前的耳朵"。说起听诊器的发明，还有一段有趣的故事呢！

19 世纪的一天，急驶而来的马车在法国巴黎一所豪华府第门前停下，车上走下了著名医生雷内克，他是被请来给这里的贵族小姐诊病的。面容憔悴的小姐，坐在长靠椅上，紧皱着双眉，手捂胸口，看起来病得不轻。等小姐捂着胸口诉说病情后，雷内克医生怀疑她患了心脏病。

若要使诊断正确，最好是听听心音，早在古希腊的《希波克拉底文集》中，就已记载了医生用耳贴近病人胸廓诊察心肺声音的诊断方法。雷奈克也从中获知这一听诊方法，平时常常用来诊察病人。但是，当时的医生都是隔着一条毛巾用耳朵直接贴在病人身体的适当部位来诊断疾病，而这位病人是年轻的贵族小姐，这种方法明显不合适。雷内克医生在客厅一边踱步，一边想着能不能用新的方法。看到医生冥思苦想的样子，屋内的人也不敢随便走动和说话。

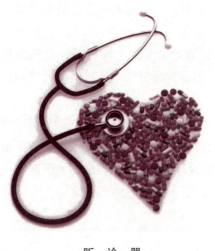

听 诊 器

走着走着，雷内克医生的脑海里突然浮现出前几天他遇到的一件事情——在巴黎的一条街道旁，堆放着一堆修理房子用的木材。几个孩子在木料堆上玩儿，其中有个孩子用一颗大钉敲击一根木料的一端，他叫其他的孩子用耳朵贴在木料的另一端来听声音，他敲一敲，问一问"听到什么声音了？""听到了有趣的声音！"孩子们笑着回答。

正在他们玩得兴高采烈的时候，雷内克医生路过这里，他被孩子们的玩耍吸引住了，就停下脚步，仔细地看着孩子们玩儿。他站在那里看了很久，忽然兴致勃勃地走了过去问："孩子们，让我也来听听这声音行吗？"孩子们愉快地答应了。他把耳朵贴着木料的一端，认真地听孩子们用铁钉敲击木料的声音。"听到了吗？先生。""听到了，听到了！"

雷内克医生灵机一动，马上叫人找来一张厚纸，将纸紧紧地卷成一个圆筒，一头按在小姐心脏的部位，另一头贴在自己的耳朵上。果然，小姐心脏跳动的声音连其中轻微的杂音都被雷内克医生听得一清二楚。他高兴极了，告诉小姐的病情已经确诊，并且一会儿可以开好药方。

雷内克医生回家后，马上找人专门制作一根空心木管，长 30cm，口径 0.5cm，为了便于携带，从中剖分为两段，有螺纹可以旋转连接，这就是第一个听诊器，它与现在产科用来听胎儿心音的单耳式木制听诊器很相似。因为这种听诊器样子像笛子，所以被称为"医生的笛子"。雷奈克由此发明了木质听诊用具，是一种中空的直管。雷奈克将之命名为听诊器。后来，雷内克医生又做了许多实验，最后确定，用喇叭形的象牙管接上橡皮管做成单耳听诊器，效果更好。单耳听诊器诞生的年代是 1814 年。由于听诊器的发明，使得雷内克能诊断出许多不同的胸腔疾病，他也被后人尊为"胸腔医学之父"。

1840 年，英国医师乔治·菲力普·卡门改良了雷内克设计的单耳听诊器。卡门认为，双耳能更正确地诊断。他发明的听诊器是将两个耳栓用两条可弯曲的橡皮管连接到可与身体接触的听筒上，听诊器是一个中空镜状的圆椎。卡门

的听诊器，有助于医师听诊静脉、动脉、心、肺、肠内部的声音，甚至可以听到母体内胎儿的心音。

1937 年，凯尔再次改良卡门的听诊器，增加了第二个可与身体接触的听筒，可产生立体音响的效果，称为复式听诊器，它能更准确地找出病人的病灶所在。可惜凯尔的改良品未被广泛采用。

现在又有电子听诊器问世，它能放大声音，并能使一组医师同时听到被诊断者体内的声音，还能记录心脏杂音，与正常的心音比较接近。虽然新型听诊器不断问世，但是医师们普遍爱用的仍然是由雷内克设计、经卡门改良的旧型听诊器。

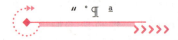

希波克拉底

希波克拉底（约前460～前377），古希腊著名医生，西方医学奠基人，被西方尊为"医学之父"。

希波克拉底提出"体液学说"，认为人体由血液、黏液、黄胆和黑胆4种体液组成，这4种体液的不同配合使人们有不同的体质。他把疾病看作是发展着的现象，认为医师所应医治的不仅是病而是病人；从而改变了当时医学中以巫术和宗教为根据的观念。主张在治疗上注意病人的个性特征、环境因素和生活方式对患病的影响。重视卫生饮食疗法，但也不忽视药物治疗，尤其注意对症治疗和预防。他对骨骼、关节、肌肉等都很有研究。他的医学观点对以后西方医学的发展有深远影响。

延伸阅读

希波克拉底誓言

希波克拉底誓言其基本精神被视为医生行为规范，沿用了2 000多年。直

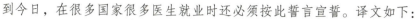

到今日，在很多国家很多医生就业时还必须按此誓言宣誓。译文如下：

仰赖医神阿波罗·埃斯克雷波斯及天地诸神为证，鄙人敬谨直誓，愿以自身能力及判断力所及，遵守此约。凡授我艺者，敬之如父母，作为终身同业伴侣，彼有急需，我接济之。视彼儿女，犹我兄弟，如欲受业，当免费并无条件传授之。凡我所知，无论口授书传，俱传之吾与吾师之子及发誓遵守此约之生徒，此外不传与他人。

我愿尽余之能力与判断力所及，遵守为病家谋利益之信条，并检束一切堕落和害人行为，我不得将危害药品给与他人，并不作该项之指导，虽有人请求亦必不与之。尤不为妇人施堕胎手术。我愿以此纯洁与神圣之精神，终身执行我职务。凡患结石者，我不施手术，此则有待于专家为之。

无论至于何处，遇男或女，贵人及奴婢，我之唯一目的，为病家谋幸福，并检点吾身，不做各种害人及恶劣行为，尤不做诱奸之事。凡我所见所闻，无论有无业务关系，我认为应守秘密者，我愿保守秘密。尚使我严守上述誓言时，请求神祇让我生命与医术能得无上光荣，我苟违誓，天地鬼神实共亟之。

同情摆

找一根木棍，把它架起来，再用两条同样长的小线分别拴上两个小锁，就做成了两个固有频率相同的摆。用图钉把它们钉在木棍上，等它们静止以后，你轻轻地推一下其中的一个摆，让它自由振动。过一会儿，你会看到另一个摆不推却自己振动起来了。

这就是著名的"同情摆"实验。它说明一个物体振动时，可以引起另一个物体的振动。

我们再用小线和小锁做一个摆，摆长不要和那两个相同，挂上它。看！这第三个摆对它们就不那么"同情"了，因为它的固有频率和前两个不相同。

这种"同情"共振在很多场合都是有害的，必须设法防止。例如，有经验的人挑水的时候，总是把两头的绳子放长一些，这样挑起来要稳当些，同时还要在水面上放一片木板。放长了绳子可以使担子的固有频率变小，与人肩头摆动的频率错开；加上木板防止了水和肩头摆动发生共振，避免水溅到桶外。还有火车车轮和车轨缝相撞时也可能引起共振，在制造火车时必须考虑到车厢

下弹簧的固有频率，防止发生共振。冲床、汽锤和各种机械在工作时都有一定的频率，工程师在设计厂房和安装设备时，也应当采取措施，避免发生共振。但是，这并不是唯一的办法。

1900 年秋，俄国巡洋舰"雷击号"做航行试验。按照设计，这艘军舰的速度可以达到 38.9 千米/时，发动机的轴每分钟可以转 125 转。"雷击号"发动机转速达到 105 转/分的时候，航速刚刚达到 33.3 千米/时，舰身就发生了剧烈的摇摆，连鱼雷发射管里的鱼雷也被震落到海里。怎么办？舰长当机立断，提高转速，加快航行，那可怕的摇摆反而平息了下去。原来，105 转/分时会发生共振！类似的事件还有不少，有的巨轮就曾因共振而覆没。

现代的许多机器都是可以变速的，当它达到某一转速时就会引起共振，这就是机器转速的"禁区"。为了防止因共振发生事故，我们在开动机器时首先要了解这个转速的"禁区"——临界转速。

我们也可以利用共振，在煤矿工业里常用共振筛来筛分煤炭和碎石。它的基本原理就是利用电动机推动筛子往复振动，为了提高效率，就需要调整策动力的频率和筛子的固有频率，使两者发生共振。

还可以利用共振破冰，为船舶开道。这种破冰船是现代的气垫船，气垫船先"浮"在冰层上行驶，把一部分气垫压到冰层下边，形成一个空气腔，然后利用共振效应，使冰层一触即破。

1980 年，我国的青年技术人员在专家指导下，利用共振原理，研究出了木材切削新工艺和新设备。这种设备不用电动机，是以电磁铁为动力，利用机械共振带动刀头切削木材的。他们创制的木工电磁振动刨，不但能平刨普通木材，而且能把极短的木料和极薄的木片刨平，这是手工操作无能为力的。

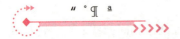

临界转速

临界转速也称共振转速，相当于燃气轮机和相联发电机的轴系固有频率的转速。转动件转子在运转中都会发生振动，转子的振幅随转速的增大而增大，到某一转速时振幅达到最大值，超过这一转速后振幅随转速增大逐渐减少，且稳定于某一范围内，这一转子振幅最大的转速称为转子的临界转速。这个转速等于转子的固有频率，当转速继续增大，接近2倍固有频率时振幅又会增大，当转速等于2倍固有频率时称为二阶（级）临界转速，依次类推有三阶、四阶……

延伸阅读

共振的威力

《圣经》上有一个"不攻自破"的故事。讲的是古时候两国交战，甲国兵败后被乙国军队围困在耶里哥城堡里。因耶里哥城堡十分坚固，乙国几日攻克不下。后有人向乙国献计，让军队鼓号齐鸣，结果城堡不攻自破，突然坍塌了。

这故事听起来有点荒诞不经，其实它也有一定的科学依据。按照"共振"原理，当一个物体的固有频率同外来声波的频率相同或相近时，在外来声波的激发下，它的振动幅度就会越来越大，在超过一定的限度后，它就会被破坏。

历史上也确实有这样的例子：1905年，俄国圣彼得堡道利达宫的大会议厅里，装上了一台电风扇。因风扇产生的风声的频率与会议厅天棚的固有频率相同，致使天棚塌了下来。十几年前，美国一枚火箭升空时，因它发出的巨大声响，与火箭工作过程中的某种脉冲节拍发生共振，竟将火箭摧毁。

度量衡标准"黄钟律管"

我国古代度量衡是用一根管子做标准的，这就是"黄钟律管"。它有一定的管长和管径，也有一定的容量。这种"黄钟律管"翻造以后分发全国各地当作度量衡标准。如果有谁弄虚作假，中央派出的官吏只要把国家保存的

"黄钟律管"跟他的律管一比，就能戳穿他的阴谋。用眼睛是看不出假黄钟的，必须使地方的黄钟和国家的黄钟发生共鸣，地方的黄钟才是真的。这是非常严格的，假黄钟不能发生共鸣。

做两个纸筒。甲纸筒有底，稍粗些，乙纸筒是个管子，可以套进甲筒里前后移动。找一个音叉，用橡皮锤把音叉打响，让正在发声的音叉对准筒口，伸长或缩短纸筒，你会发现，当纸筒恰恰达到某一长度时，声音最响。如果没有音叉，用自行车铃的铃盖也可以，不过，要用钳子夹着铃盖里的螺钉，不要让铃盖和其他物体相接触。这就是空气柱共鸣实验。

也可以用连通管来做这个实验。用两根玻璃管和一段塑料管装成连通管，向里边灌水，甲管口放一发声的音叉，提着乙管慢慢下降，甲管里的水位不断下降，里边的空气柱不断增长，当达到某一长度时，听！发生共鸣了。

这个实验说明，一定长度的空气柱能和一定频率的声源发生共鸣。科学实验证

音　叉

明，跟某一声波共鸣的空气柱长度，最短应等于声波波长的1/4。

我国古代科学家就是利用这个原理来测定各地"黄钟律管"长度的。

测定实验是在缇室里进行的。缇是一种素色无纹的丝织品，用它布置一间帐房，帐房外面有三层套间，还有三重曲折的门径，使室里听不到外来的声响，吹不进外来的风。这就是缇室。

做实验的人在缇室的中央，四周摆一圈实验桌。桌上微微倾斜地放着那些一端开口、一端封闭的圆形待测管。每根待测的管子里都放一点轻灰，那轻灰是用芦苇秆里的薄膜烧成的，稍有振动就会移动位置。做实验的人在中心位置吹笛，发出标准的黄钟音。凡是产生共鸣的管子，都会把管内的轻灰吹成一小堆一小堆的，未产生共鸣的管子里的轻灰依然不动。真假就分清了。

缇室还可以为各种乐器定音，在制造乐器和调整乐器上起着重要的作甩。

我国的古书《吕氏春秋》里就有关于缇室的散记。那本书的主编吕不韦死于前235年。这说明，早在2 200多年以前我国就建立了缇室，这是世界上最古老的物理实验室。

音　叉

　　音叉是呈"Y"字形的钢质或铝合金发声器，各种音叉可因其质量和叉臂长短、粗细不同而在振动时发出不同频率的纯音。音叉检查在鉴别耳聋性质——传音性聋或感音性聋方面，是一种简便可靠的常用诊查方法。用音叉取"标准音"是钢琴调律过程中十分重要的环节之一。它的重要性在于关系到一台钢琴各键音处在什么音高位置上。在教学中，音叉可以用来演示共振。敲击音叉，采集声波波形图。试验发现：轻敲音叉，音叉振幅小，波形图的幅度小，这时音叉发出的声音也小；重敲音叉，音叉的振幅大，波形图的幅度大，这时音叉发出的声音也大。这说明：响度跟音叉振动的振幅有关。振幅越大，响度越大；振幅越小，响度越小。

贝多芬耳聋以后

　　贝多芬是19世纪德国著名的音乐家，毕生从事交响曲的创作，谱写了大量享誉世界的音乐作品，这些作品一直到今天仍具有无穷的魅力。可是，这位伟大的音乐家中年以后，却因为耳疾成了一个聋子。即使这样，贝多芬也没有中断他的创作活动。据说，他是用一根钢棒来"聆听"乐曲演奏的：他把钢棒的一端触到钢琴上，另一端咬在牙齿中间。当跳动的手指不断击打钢琴的键盘时，一个个美妙的音符，竟神奇地被他听到了。这是由于弹奏钢琴时，琴弦的振动传递到钢棒上，再经钢棒传到齿骨上，然后由齿骨经头骨传递到听觉神经并传播到大脑，于是音乐之声就被贝多芬"听"到了。

化害为利说噪声

正当世界上许许多多的环保专家，处心积虑地想办法，如何消除噪声危害的时候，却有一些科学家在做着另一类的试验，他们试图将噪声"化害为利""变废为宝"，用来为人类服务。

用其发电。噪声是一种能量污染，如喷气式飞机的噪声功率达 10 000 瓦。科学家发现人造铌酸锂在一定条件下具有将声能转变成电能的本领。因此，可用噪声来发电，设计了一种声波接收器，将其与声电变换器连接，就能发出电来。

用其制冷。利用微弱的声振动来制冷的技术，是一项新的制冷技术。第一台样机已在美国试制成功，不久的将来人们将用其制冷。

工业用燃烧炉工作时常会发出轰鸣噪声，这是一个老大难问题，解决起来非常棘手。美国佐治亚州理工学院的津恩教授，却成功地研制出了一种脉冲燃烧系统，能够充分吸纳工业燃烧炉产

利用噪声发电的机场跑道

生的这种噪声，并把它转化为有用的能量。这种燃烧系统是个巨型喇叭状伸缩管，通过机动挡板调节燃烧室的内部尺寸使之与噪声共鸣，燃烧室本身的噪声就会对火焰起到鼓风作用并给燃烧过程添加能量，从而提高了燃烧炉工作效率。通过在垃圾焚化炉试验，这种燃烧系统不仅节约了燃料，而且废气排放量也减少了 50% ~ 75%。

马路上的交通噪声，也是一个令人头痛的问题。德国科学家设计了一种和压力构造机相似的特殊装置——音响收集器，能将噪声转化为电能。如果在马

路的两侧安装上许多这样的装置，用来吸收交通噪声，这样不仅减小了噪声污染，而且所发的电还能用来供马路照明之用。

日本科学家的设计则更为巧妙。他们研制成功了一种"自然音响合成模拟器"，能将马路上的汽车喇叭声、人们的喧闹声等，按程序合成模拟出各种有节奏的音响，这样居民在家中安上这种装置后，听到的就不再是刺耳的噪声，而是类似天籁的声音。

用噪声施肥，这是美国科学家丹卡尔森的发明。丹卡尔森通过长期观察，发现某些农作物受到噪声刺激后，其根、茎、叶表面的小孔明显扩大，这很有利于养料的吸收。于是他在西红柿地里做起了试验，在 100 分贝的汽笛声中，多次给作物施肥和喷洒生长剂。结果，不仅西红柿的产量很高，而且个头也比普通的大 1/3。之后他对土豆、水稻等作物试验，也收到良好的效果。

噪声不仅可施肥，还能除草。有一种"噪声除草器"，它发出的噪声可使地里的草种子提前发芽，这样人们就可以在作物生长之前，用药物将杂草除掉了。

除此之外，噪声在烟囱除尘、干燥食品、酿制美酒等方面，也获得了广泛的应用。

很早就有人大胆地幻想，如果我们身边的噪声，有朝一日能化为美妙的乐音，那该有多好呵！人们这个美好的愿望是有可能实现的，因为日本科学家已在这方面做出了有益的尝试，并且取得初步的成功。在日本横滨车站的背后有座"细雨桥"，人们踏过桥板时，便会听到一阵阵犹如雨打芭蕉时的动听的淅沥声。这声音就是通过设在桥栏杆上的一套装置，吸收脚步产生的噪声转化来的。在爱知县丰田市有一座桥比这更有趣，行人沿着一侧从这头走到那头时，它奏出法国民谣《在桥上》，沿着另一侧返回时它又奏出日本民歌《故乡》。目前，这类"音乐桥"遍布日本各城镇，总数已超过数百架。

利用噪声为人类服务的研究，到今天才算刚刚起步，以后要走的路子还很长。但无论时间有多久，科学终究能"化腐朽为神奇"，让噪声也成为美好、有用的东西。

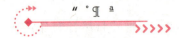

喷气式飞机

喷气式飞机是一种使用喷气发动机作为推进力来源的飞机。其工作原理是利用牛顿第三定律的反作用力。发动机前面装有空气压缩机，现代压缩机分为7~9级，压缩机转子周围装满叶片，发动机启动后，压缩机旋转吸入外界的空气，外界的空气进入导向器以后，压缩机把气体一级一级向后压，气体的浓度越来越浓，压力也就越来越大，当气体通过最后一级后，气体压力增大很多倍。然后进入燃烧室，在燃烧室里，喷气并打火，喷油燃烧，因气体中含有氧气，气体燃烧膨胀，向后喷出，燃烧室后面是涡轮，涡轮轴上装涡轮盘，涡轮盘周围装满叶片，涡轮分7~13级，通过涡轮旋转再一级一级向后压，气体通过发动机后部的涡轮一级一级压缩，压力再提高几百倍，最后，通过尾部喷口喷出，产生巨大的反作用力，使飞机向前飞。

延伸阅读

噪 声 监 测

噪声监测是对干扰人们学习、工作和生活的声音及其声源进行的监测活动。其中包括：城市各功能区噪声监测、道路交通噪声监测、区域环境噪声监测和噪声源监测等。噪声监测结果一般以 A 计权声级表示，所用的主要仪器是声级计和频谱分析器。噪声监测的结果用于分析噪声污染的现状及变化趋势，也为噪声污染的规划管理和综合整治提供基础数据。

BR－ZS 噪声模块是一款符合 GB/T3785－2 型和 61672－2 级标准的要求，针对现场噪声测试而设计的噪声测试分析仪。内置高灵敏度传感器、数据采集模块。使现场噪音信号不失真的以 4~20mA/RS232 标准输出，直接与用户的相关设备配套使用，实现对现场噪声的实时监控，精度高、通用性强、性价比高成为其显著的特点，被广泛用于各种现场噪音测量领域。

植物听音乐长得好

　　若干年前，有两位印度的音乐爱好者举办了一次别开生面的"音乐会"。参加"音乐会"的不是普通的听众，而是一种叫"黑藻"的水生植物。"音乐会"的安排也很别致：他们把黑藻分成两组，其中一组每天听的是优美抒情的小夜曲，另一组听的则是嘈杂刺耳的喧闹声。几天后，他们惊奇地发现，听小夜曲的黑藻生机盎然，长得十分旺盛；而听噪声的，则萎靡不振，形体明显瘦弱。后来，他们又选用一首古老的印度歌曲对含羞草进行试验。结果证实，听过音乐的含羞草比没有听过的要枝繁叶茂，并且平均长高50%。

　　两位印度研究者的试验表明，植物也"喜欢"音乐！这一事实引起了农学家们的关注，他们首先想到的就是，能不能利用音乐来促进农作物的增产呢？为了弄清楚这个问题，许多专家纷纷开展了各种试验活动。有一位国外农作物专家，从1960年开始，连续3年在大田上对粮食作物进行了试验。第一年，他选择了两块土壤条件相同的土地，都种上玉米和大豆。然后对其中一块土地，每天坚持昼夜播放《蓝色狂想曲》的唱片。几天以后他就发现，播放音乐地里的幼苗首先破土而出，而且长得格外粗壮。又过了几天，他从两块地里各齐根割取了10株玉米和大豆的幼苗，分别称了一下它们的重量，结果播放音乐地里的苗比另一地的苗重了差不多1.5倍。

植物也爱听音乐

　　第二年，他仍在两块田地里种上了玉米。不过，他在其中一块地里安上了一只扩音喇叭，每天播送的是不同的乐曲。试验的结果是，播送音乐地里的玉米，比另一地里的玉米，要高出5～8厘米，并且提早3天吐绒。最为明显的效果是，作物收获后，音乐地里的玉米产量每亩要多收 154 千克。

第三年，他把试验田扩大为 4 块地，除一块地继续不播送音乐外，其余 3 块地分别播送单一的高音、低音和与原先相同的乐曲。试验的结果是，凡播送音乐或音响地里的玉米产量，都高于不播送音乐地里玉米的产量，其中又以播放低音音响地里产量最高，增产幅度高达 17.3%。

这位专家的试验证实，音乐在粮食作物从发芽、生长到收获的整个过程中，都会产生明显的作用；而且音乐的音调越低，增产的效果越好。

另外，也有许多专家对水稻、烟草、花生、蔬菜等作物进行了试验，结果证实音乐对各种作物都有增产的效力。例如，日本的研究人员通过每天 3 次给莴苣等蔬菜播放音乐，使其产量提高了 30%，而且减少了病虫害。最为有趣的是，一些专家在做音乐增产试验中，创造了许多惊人的奇迹。法国一园艺家给棚架上的番茄戴上耳机，每天听 3 小时音乐，结果番茄长到 2 千克重；英国研究人员给甜菜和卷心菜听音乐，结果一棵最重的甜菜长到 6.35 千克，最重的卷心菜重达 27 千克；苏联专家利用音乐刺激法，使萝卜长到 2.5 千克，蘑菇直径达 60 厘米，甘薯有足球大……

音乐为什么能促进农作物增产呢？生物学的研究，初步揭开了这个秘密。原来，一方面，在有节奏的音乐声波的刺激下，生物体内细胞的生命活动迅速增强，这加速了细胞的新陈代谢，促进了作物的生长。另一方面，声波的作用还能提高土壤的温度和激活土壤中有益的微生物，这也为农作物的茁壮成长，创造了有利的条件。

《蓝色狂想曲》

《蓝色狂想曲》是美国作曲家乔治·格什温在 1924 年为钢琴和管弦乐队而写的类似单乐章的协奏曲作品，其中主题的即兴式表达同交响性的发展有机地结合在一起。黑人布鲁斯音乐的调式及和声因素、爵士音乐的强烈的切分节奏和滑音效果，都赋予这部构思独特的作品一种与众不同的色彩。格什温在这部作品中，对那些情绪全然不同的段落的安排，如抒情性与戏剧性，舞蹈性与歌唱性的对置，也颇具匠心。

乐曲以独奏单簧管低音区里的一个颤音开始，而整个乐队以雷鸣般的气势再现了乐曲的主题后，就以一个渐强的和弦辉煌地结束了全曲。

延伸阅读

ZIRAN DE YUNLV

舒伯特的《小夜曲》

小夜曲为一种音乐体裁，是用于向心爱的人表达情意的歌曲。起源于欧洲中世纪骑士文学，流传于西班牙、意大利等欧洲国家。其中舒柏特的小夜曲，在世界上流传甚广。

舒伯特（1797～1828）是奥地利作曲家，他是早期浪漫主义音乐的代表人物，也被认为是古典主义音乐的最后一位巨匠。舒伯特小夜曲是舒伯特最为著名的作品之一。此曲采用德国诗人莱尔斯塔勃的诗篇谱写成。

"我的歌声穿过深夜向你轻轻飞去……"在钢琴上奏出的六弦琴音响的导引和烘托下，响起了一个青年向他心爱的姑娘所做的深情倾诉。随着感情逐渐升华，曲调第一次推向高潮，第一段便在恳求、期待的情绪中结束。抒情而安谧的间奏之后，音乐转入同名大调，情绪比较激动，形成全曲的高潮。最后是由第二段引伸而来的后奏，仿佛爱情的歌声在夜曲的旋律中回荡。乐句之间出现的钢琴间奏是对歌声的呼应，意味着歌手所期望听到的回响。这里选用的是改编后的钢琴伴奏的小提琴独奏曲，虽无歌词，但同样能体会到这首小夜曲中表现出的真挚而热烈的感情。

可恶可怕的声音
KEWU KEPA DE SHENGYIN

　　音乐是悦耳的，笑声是动听的，然而无处不在的噪声是可恶的，伴随地震、火山喷发、海上风暴而来的次声是可怕的。

　　噪声是杀人不见血的软刀子，会使人心情烦躁、反应迟钝、注意力分散，严重时可造成人的神志不清、精神恍惚。而且还能刺激肾上腺素的分泌增加，使人烦躁易怒，甚至精神错乱，导致暴力犯罪。

　　噪声是一种无形毒药。它一旦侵入人的机体，人体的各个器官都将受到不同程度的损害，患上一种临床上呈现综合反应的"噪声病"。

　　为了控制噪声，人们想出了隔声、吸声、消声等办法。然而这些都是治标，治本的方法是从声源上治理它，把发声体改造成不发声体。

　　次声是人听不见的无形杀手，可以破坏人体的平衡器官，造成耳朵、神经系统和大脑的损伤，从而引起恐惧、头痛、晕眩、恶心、呕吐、眼球上下颤动等症状。

　　次声还可能是鲸集体自杀、百慕大三角区发生海难的元凶。

从断桥说到防震

1906 年，一支沙俄军队在本国首都附近的丰坦卡河大桥上齐步走的时候，大桥突然断裂，造成了一些伤亡。事后调查，并没发现什么人为破坏的痕迹。

1940 年 11 月 7 日，美国新建的一座跨度为 850 米的悬索桥，突然在一场大风中断毁——那天的风速是 19 米/秒。在大风中，桥面扭曲跳动，越跳越厉害，最后断毁。看来，桥的断裂是和振动有关系了。

用皮筋挂住小锁，用手提起皮筋的另一端，上下抖动皮筋，使小锁头受迫振动。不断改变手上用力的频率，你会发现，只有当策动力的频率和皮筋锁的固有频率相一致时，锁上下振动得最厉害，也就是它的振幅最大。如果策动力的频率和它的固有频率不一致，尽管你费尽力气，它振动得也不大。

在策动力频率和受迫振动体的固有频率相同时，受迫振动的振幅达到最大，这种现象就叫共振。

各种桥梁和建筑物都有各自的固有频率。梁的固有频率与梁的长短、宽窄、厚薄及材料的性质都有关系，楼板的固有频率也是由这些因素来决定的。

军队迈着整齐的步伐过桥，就是按一定频率给了桥梁一个策动力。当这个策动力频率恰恰和桥梁的固有频率合拍时，就会发生共振，以致造成桥断人亡。明白这个道理，在队伍过桥的时候，就不应该齐步走了，而应该便步走，这样就能保证队伍安全过桥。

地震波示意图

但是，给予建筑物策动力的因素是很多的。风力也是一种外力，美国那座大桥就是由于风力引起共振而毁掉的。地震更是不能忽视的，这就向建筑师们提出了一个重要问题：怎样防震。

地震的危害主要是使建筑物倒塌。当地震波传

播到建筑物脚下的时候，就给了建筑物一个很强的策动力。如果建筑物的固有频率和地震波的频率合拍，就会造成极大的破坏。怎样设计各种建筑，使它的固有频率不和地震波、风力等因素发生共振，是建筑师们必须考虑到的问题。在这方面，我国古代建筑师作出了卓越的贡献。

我国古代工匠李春创建的赵州桥，建于隋代（605—617），1 300多年来，发生过多次地震。1966年3月邢台地震时，赵州桥距离震中40千米左右，大桥却安然无恙。

我国山西省应县佛宫寺有座木塔，建于1056年，从地面到塔尖达67.31米，是我国古建筑中的珍品。应县木塔经多次强烈地震、大风和炮击，至今仍保持完好状态。单在1305～1976年间就遇到过12次里氏5级以上的地震，其中1626年灵丘的7级地震，在应县的烈度达到7度。按照地震烈度表，烈度为7度的时候应当是"人站立不住，大部分房屋遭到破坏，高大的烟囱可能断裂；有时还有冒水、喷沙现象"。但是，高耸的应县木塔却安然无恙！1501年（明弘治十四年）应县"黑风大作"，风力在8～10级，应县木塔依然挺立。这座塔已经引起科学家的兴趣，人们将从中得到有益的启示。

建筑师们总结了各种建筑抗震抗风的经验，制定了现代建筑抗震的许多措施。唐山市的一座三层办公楼在设计施工中严格执行了抗震标准。1976年唐山大地震时，这幢楼位于烈度11度的区域，居然没有倒塌。

赵 州 桥

赵州桥，又名安济桥，坐落在河北省赵县洨河上。是在隋大业初年（公元605年）左右由匠师李春所创建，是一座空腹式的圆弧形石拱桥，净跨37米，宽9米，拱矢高度7.23米，在拱圈两肩各设有两个跨度不等的腹拱，这样既能减轻桥身自重，节省材料，又便于排洪、增加美观。赵州桥的设计构思和工艺的精巧，不仅在我国古桥是首屈一指的，而且据世界桥梁的考证，像这样的敞肩拱桥，欧洲到19世纪中期才出现。赵州桥的雕刻艺术，包括栏板、望柱和锁口石等，其上狮象龙兽形态逼真，琢工精致秀丽。我国石拱桥的建造技术在明朝时曾流传到日本等国，促进了与世界各国人民的文化交流并增进了友谊。1991年，美国土木工程师学会将赵州桥选定为第12个"国际历史土木工程的里程碑"，并在桥北端东侧建造了"国际历史土木工程古迹"铜牌纪念碑。

延伸阅读

攀登雪山不能大喊

登山是一项极富挑战性的体育运动。登山运动员在攀登雪山时，总是默默无言地前进，不许高声喊叫。这是为什么呢？

高山上一年到头覆盖着皑皑白雪，而且又经常不断地下雪。每下一次雪，积雪层就加厚了一些。积雪越厚，下层所受的压力也就越大，下层的雪就被压得密实起来，变成为雪状的冰块。同时，不断增厚的积雪又像一条棉被似的盖在山上，使底层的热量散发不出去，因此，积雪底层的温度常常比积雪表面的温度高出10℃~20℃，再加上底层的雪所受的压力又较大，这样，底层就会有一部分冰雪化成了水。

高山积雪层的底部有了水，就好像给冰雪层涂上了润滑油，使冰雪层随时都可能滑下来。如果有一块大石头掉下来，或者哪里传来一种振动，都会使积雪层崩塌下来，把沿途所有的东西都埋葬在里面，这就是可怕的雪崩。

人在高声喊叫的时候，会发出多种频率的声波，通过空气传递给积雪层，往往会引起积雪层的振动。如果有一种喊叫声的频率，恰好与积雪层的固有振动频率接近或相同，就会形成共振，使积雪层发生强烈的振动而崩塌下来。这对登山运动员来说，是相当危险的。因此，"禁止高声喊叫"就成了登山队员的一条戒律。

救救我们的耳朵

一天，一位 82 岁的老人因患耳疾走进了荷兰的一家医院。医生在查看病入耳朵时，发现他的左耳道深处有一个小棉球。当问起棉球的来历时，老人经苦苦思索后方才回忆起，那是 32 年前他治中耳炎时放进去忘记取出的。医生对老人进行了耳力检查，发觉他的右耳已聋，而左耳听力却相当好。这个重要发现说明，老年性耳聋并非完全是由于年龄的增长引起听力自然衰退造成的，它很可能与人长期受到外界噪声的损害有关。为了证实这一点，美国科学家特地来到远离噪声干扰的非洲的苏丹偏僻地区进行调查研究。发现居住在那里的马巴安部族老人的听力，比美国城市中的年轻人的听力还强得多。

据调查分析，在高噪声车间里，噪声性耳聋的发病率高达 50% ~ 60%，甚至于 90%。俗话说"十铆九聋"，确实不假。

科学家对在噪声环境中工作 10 年以上的人进行心电图和脑电图分析，发现他们的心电图和脑电图已跟正常人不同。原来，噪声能使人的交感神经紧张、末梢血管收缩、心动过速、血压变化。难怪长期工作在噪声车间的入，高血压发病率比无噪声车间高好几倍呢！

噪声还会使人心情烦躁、反应迟钝、注意力分散。有人对电话交换台进行调查，发现噪声级从 50 分贝降到 30 分贝，差错率减少 42%。

科学家还用各种动物做实验，研究噪声的危害。

猩猩蝇是一种小昆虫，它们的寿命大约是 30 天。把猩猩蝇放在没有强噪声的环境里饲养，平均寿命是 33.7 天。同样的生活环境加上每天 8 小时 100 分贝的噪声，它们只能活 28.1 天了。

把健康活泼的小白鼠放到试验箱里，对它们播放 165 分贝的强噪声，小白鼠的反应过程为：未放噪声前，小白鼠既活泼又健康；噪声源开始发声，小白鼠表现出惊恐烦躁；在持续的噪声中，小白鼠疯狂跳窜，想逃出这可怕的环境；小白鼠无法逃脱这可怕的环境，绝望的小白鼠互相撕咬挣扎；后来，小白鼠开始抽搐；最后，小白鼠死去了。需要说明的是，这一切仅仅发生在几分钟里！

大量的科学实验证明，噪声是杀人不见血的软刀子！噪声对入耳听力的影响，同它的强度大小有关。在科学上，声音强度的大小是以"分贝"为单位来计量的。一般说来，在人们生活和工作的环境中，噪声强度低于30分贝时，人们感到十分寂静，并且对人体也不会产生任何影响；在40～45分贝时，人们白天工作仍然感到比较安静，但夜晚睡眠多少要受到惊扰；50～60分贝时，人们开始有吵闹的感觉，医生听诊受到了干扰，准确率要下降20%；当达到65分贝时，人们的工作、学习和开会受到明显干扰，打电话都会感到有困难；达到75分贝时，人们会觉得很吵，两个人谈话必须靠得很近才能听清楚；持续在80～90分贝时，人耳的听觉变得迟钝，别人平常的谈话已经无法听清；100～110分贝时，人耳感到难以忍受，听力受到严重损伤；120～130分贝时，人耳被刺痛，只须待1分钟，耳朵就会出现暂时变聋；超过130分贝，人耳听力完全丧失，严重时耳膜破裂，甚至发生脑出血或心脏停止跳动。

世界上许多国家的统计资料都显示，生活在城市中的居民的听力都有明显的减退。这是因为各种各样的噪声长期弥散于整个城市的空间，并且其中3/5的强度超过80分贝。例如，在工厂里，机加工车间平均噪声为70～90分贝，

当心噪声导致聋哑儿

锻工车间为 105～120 分贝，空压机站为 85～105 分贝，织布车间为 100～104 分贝；在建筑工地上，柴油机的噪声为 98 分贝，球磨机为 112 分贝，电锯为 110 分贝；在马路上，公共汽车的噪声为 80 分贝，载重汽车为 90 分贝，繁忙的交通路口白天的平均噪声在 80 分贝以上；在家庭里，电视机、收录机、音箱等家用电器的高频噪声可达 70～85 分贝，等等。1971 年国际标准组织，对每周工作 40 小时、每年工作 50 周、工龄为 20 年的工人的听力情况做过统计分析，发现长期工作的环境噪声强度在 80 分贝以下时，听力受损者为 7%；噪声强度为 100 分贝时，听力受损者为 49%；噪声强度为 115 分贝时，听力受损者为 94%。这就从一个侧面反映出，噪声污染给人们带来的听力损害是何等严重。

为了保护我们的耳朵，减小噪声的危害，国际上制定了噪声的卫生标准。规定工人工作环境的噪声强度不能超过 90 分贝，对于成调噪声不能超过 85 分贝。这是听力保护的最高限度，在这样的环境中每天工作 8 小时，30 年后刚刚不致耳聋。另外，对于工作在强噪声环境中的工人，各国还采取了一些听力保护措施，如工作时戴特别的护耳塞、护耳罩，以期起到隔音或减少噪声损害的效果。

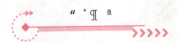

噪声性耳聋

噪声性耳聋系由于听觉长期遭受噪声影响而发生缓慢的进行性的感音性耳聋，早期表现为听觉疲劳，离开噪声环境后可以逐渐恢复，久之则难以恢复，终致感音神经性耳聋。噪声除对听觉损伤外，还可引起头痛、头晕、失眠、高血压、心电图改变，也可影响胃的蠕动和分泌。噪声性耳聋常见于高度噪声环境中工作的人员，如舰艇轮机兵、坦克驾驶员、飞机场地勤人员、常戴耳机的电话员及无线工作者、铆工、锻工、纺织工等。

延伸阅读

声　级　计

声级计是最基本的噪声测量仪器，它是一种电子仪器，但又不同于电压表等客观电子仪表。在把声信号转换成电信号时，可以模拟人耳对声波反应速度的时间特性；对高低频有不同灵敏度的频率特性以及不同响度时改变频率特性的强度特性。因此，声级计是一种主观性的电子仪器。

声级计的工作原理是：由传声器将声音转换成电信号，再由前置放大器变换阻抗，使传声器与衰减器匹配。放大器将输出信号加到计权网络，对信号进行频率计权（或外接滤波器），然后再经衰减器及放大器将信号放大到一定的幅值，送到有效值检波器（或外按电平记录仪），在指示表头上给出噪声声级的数值。

令人担忧的噪声病

1961 年，日本法院审理了一桩案件：一个广岛青年杀死了他隔壁一家工厂的厂主。当法庭审问青年杀人的动机时，他的回答却令法官们大吃一惊：这家工厂无休无止的噪声，把他折磨到了忍无可忍的地步。

无独有偶，1969 年春天的一个晚上，美国纽约市布朗克思区的一名夜班工人，枪杀了一个正在玩耍的儿童。原因也是如此简单而又让人不可思议：这个孩子吵闹得他睡觉也不得安生。

噪声是可恶的，可以说人人都讨厌噪声。但是，噪声能把人逼到发疯杀人的境地，却是许多人想不到的。

科学家对此作出了解释：医学研究表明，强烈的噪声对人的中枢神经系统是一个恶性刺激，它能破坏大脑的正常功能，引起大脑皮层兴奋和抑制的平衡失调，损伤神经细胞，使人产生头痛、脑胀、眩晕、失眠、记忆力和思考力减退以及情绪不稳定等症状，严重时可造成人的神志不清、精神恍惚。据说第二

次世界大战时，德国法西斯就曾用强烈噪声折磨俘虏，待他们神志模糊时来获取口供的。过强和持续的噪声，还能刺激肾上腺素的分泌增加，使人烦躁、易怒，甚至精神错乱，在这种情况下有可能导致暴力犯罪。

其实，噪声不仅对人的神经系统有损害作用，而且对心血管系统、消化系统、感觉系统等，都会产生不良的影响。有关的研究指出，噪声能使人的交感神经紧张，末梢血管收缩，从而引起心跳过速、心律不齐、血压变化、心电图异常。近年来人们发现，有的高噪声车间，高血压发病率比低噪声车间要高好几倍；有的机器每分钟冲击 140 次，操作工人心跳也"同步"为每分钟 140 次，大大加重了心脏的负担。目前城市中冠心病和动脉硬化症发病率逐年增高，据分析这也与城市中交通噪声日益严重有着很大的关系。长期受噪声刺激的人，还会引起肠胃功能阻滞、消化液分泌异常，造成消化不良、食欲不振、恶心呕吐，严重的可导致胃溃疡。此外，长期持续的噪声往往会降低人的感受性，如听力下降、视觉模糊、味觉迟钝、振动觉泛化、运动觉不灵活等。

总之，噪声是一种无形毒药。它一旦侵入人的机体，人体的各个器官都将受到不同程度的损害，患上一种临床上呈现综合反应的"噪声病"。噪声病一般呈现慢性病的特征，轻则损害人的心

噪声致人易怒

理健康，使人的工作、休息和睡眠受到干扰；重则引起人体器质性的病变，造成难以康复的器官功能损伤。特别需要指出的是，噪声病对年幼儿童的生长发育有着严重影响。近年来，随着城市交通噪声和家庭噪声的日益严重，噪声病已构成对儿童身心发展的极大威胁和冲击。首先，它能损坏孩子们的听觉器官引起失聪。据统计，如今世界上共有 7 000 多万耳聋患者，其中大多数是胎儿和婴幼儿时期致聋的。由于正常儿童学讲话是通过听觉来实现的，如果在学会讲话前发生了耳聋，那么势必还会造成儿童丧失学习语言的能力，成为又聋又

哑的"聋哑儿"。其次，噪声还对儿童的心理产生损害，使他们学习精力不易集中，做作业效率低，差错多，而且一遇到困难就烦躁不安，缺乏坚持性，使学习成绩下降。另外，噪声还影响孩子们的睡眠，妨害他们的感觉和动作发育，损伤他们学习语言的兴趣和其他事物的好奇心等。

噪声病是伴随现代文明产生的一种"时髦病"。为了有效地控制噪声病的发生和蔓延，全社会必须重视治理噪声公害，减少噪声污染，创造一个文明、舒适、安静的生活环境。

肾上腺素

肾上腺素是肾上腺髓质的主要激素，其生物合成主要是在髓质铬细胞中首先形成去甲肾上腺素，然后进一步经苯乙胺－N－甲基转移酶的作用，使去甲肾上腺素甲基化形成肾上腺素。它能使心肌收缩力加强、兴奋性增高，传导加速，心输出量增多。对全身各部分血管的作用，不仅有作用强弱的不同，而且还有收缩或舒张的不同。对皮肤、黏膜和内脏（如肾脏）的血管呈现收缩作用；对冠状动脉和骨骼肌血管呈现扩张作用等。由于它能对心肌产生正性变时，正性变力，正性变传导作用，因此是一种作用快而强的强心药。

延伸阅读

噪声武器

1986 年，西欧某国发生了一次劫机事件，为了对付劫机犯，地面保安人员在多次喊话无效的情况下，向机舱内投掷了一枚"炸弹"。只听得"轰"的一声巨响过后，机上人员个个失魂落魄，呆若木鸡，劫机犯手中的武器也掉了下来，乖乖地束手就擒了。而机舱内既没有火药的烟雾，也见不到飞溅的弹片，更没有发现人员伤亡。这是怎么回事呢？

原来，保安人员向机舱内投掷的"炸弹"不是普通的炸弹，而是特别的"噪声弹"。它爆炸的威力，不是来自杀伤力强的碎弹片，而靠的是放出的强烈的噪声。

科学研究表明，高强度的噪声对人是一个强烈的刺激。在 120～130 分贝的声强下，人就会十分痛苦，甚至感到有些受不了；如果达到 140 分贝，人就会惊恐万状、大脑失灵、手脚都不听使唤。"噪声弹"正是利用这一点来制服劫机犯的。

韩国也曾研制出了一种"噪声步枪"，它也是利用 140 分贝以上的瞬时噪声来击倒歹徒的。如果噪声强度更高，它对人体将产生严重损害，轻则震聋耳朵，重则发生昏迷休克，更严重的甚至引起脑出血或心脏停止跳动。1959 年，美国有一次做超音速飞机噪声作用试验。飞机在 10～12 米低空掠过，10 个被试验人员全部死亡，无一幸存。据说，古罗马时代就曾用强烈的噪声来处死过犯人。

治理噪声的方法

我国城市噪声污染近年来也十分严重，全国有数以百万计的工人在超过卫生标准的环境下工作和劳动，广大居民日夜经受着噪声的侵袭。据统计，北京市群众每年向有关方面反映环境污染的来信来访中，涉及噪声污染的约占40%。特别是随着机器数量的成倍增加，功率越来越大，交通运输日益繁忙，噪声污染有逐年增长的趋势。所以，消除噪声公害，已经成了广大群众的呼声。有的专家指出，如果不采取有效措施治理噪声，若干年后，人们不仅不能坐在会议室里安静地开会，就是朋友之间亲切交谈、情侣之间谈情说爱，也要像吵架那样大声喊叫才行。试想，那将是一幅多么可怕的情景！因此消除或减少噪声势在必行！下面介绍几种治理噪声的方法：

一、罩住噪声

把小闹钟放在盖紧盖的铁盒、纸盒、木盒、玻璃钟罩、又厚又重的铁筒里……你会发现，它的响声变小了。这说明一部分声音被罩住了，而且罩子越厚越重，罩住的声音越多。

这种方法叫隔声。工程上常用的是隔声间和隔声罩。

和吸声材料相反，隔声结构一般都是密实、沉重的材料，如砖墙、钢板、钢筋混凝土等，是些"沉重的罩子"。因为声波射到单层墙或单层板上，会引起这些"罩子"的振动，把声能传出去。罩子越沉重，越不容易推动，隔声效果自然比较好，尤其对于高频噪声效果更好。

隔 声 罩

把小闹钟用纸盒罩住，外面再扣上个大铁筒。你会发现，这双层罩的隔声效果更好些。

有空气夹层的双层隔声结构，比同样重的单层结构隔声效果要好。

为什么有了空气层就会提高隔声性能呢？这是因为声波传到第一层壁时，先要引起第一层的振动，这个振动被空气层减弱后再传到外层壁点，声波的能量就小多了。再经过外层壁的阻挡，传出的声音就很小了。

你用小闹钟做实验时也许会发现：虽然罩上了两层罩子，钟的响声还会通过桌面传出来：怎么办呢？

先在桌面上放一块棉絮，把小闹钟放在棉絮上，外边再扣上一个纸盒和一个铁桶。你会发现，闹钟的响声几乎听不到了。

噪声是可以通过墙、楼板、地板等固体向外传播的。机器产生的振动传给这些固体，通过它们传到邻近的房间，甚至可以骚扰相当远的地方。

我们的小实验证明，如果在机器和它的基础之间放上具有弹性的物体，就能把固体传出的噪声"罩"住。这种技术就叫隔振。工程上常用橡皮、软木、沥青毛毡等材料隔振，也可以用各种弹簧来隔振。

二、把噪声"吃掉"

有"吃"声音的东西吗？有！这就是吸声材料。

找一只嘀嗒作响的小闹钟，用棉被把它包上，怎么样？它的响声被"吃"掉了吧？

玻璃棉、矿渣棉、泡沫塑料、毛毡、棉絮、加气混凝土、吸声砖……都是吸声材料。这些材料不是十分松软，就是带有小孔。声波传播到吸声材料上，就会引起小孔隙里空气和细小纤维的振动，由于摩擦等阻碍，声能被转化成了热能，声音就这样被"吃"掉了。

如果用吸声材料装饰在房间的内表面上，或者在室内悬挂一些吸声体，房间里的噪声会得到一定程度的降低，这种方法就叫吸声。

打个比方说，如果在屋子的四周挂上黑布，在同样的电灯光下，室内光线就显得暗了。要是四面都是镜子，屋里就会觉得很亮。这是因为，黑布把照在它上面的光线吸收了，只靠电灯的直射光照明；明镜能把照在它上面的光反射回来，加强了室内的光线。

声波的情况也是这样。用吸声材料包围起来，机器的噪声传到四周就被"吃"掉，很少有反射，噪声也就降低了。

利用吸声材料还可以制造消声器。

消声器可以"吃"掉讨厌的气流噪声，它是一种阻止声音传播而又允许气流通过的装置。汽车尾部吐烟的地方，就有个粗管子式的消声器。

找一把哨子，再卷个纸筒，纸筒里放些泡沫塑料，把哨子放在里边。吹哨子吧！你会听到，哨子的声音变小了，气流仍可通过。用竖笛做这个实验，效果更好。

这就是一种最简单、最基本的消声器，叫管式阻性消声器。声波进入消声器之后，吸声材料就把声能转化成为热能了。

消声器的种类很多，还有抗性的、共振式的等等，在各种空气动力机器中起着消声作用。我国科学家近年来发明了微穿孔板消声器和小孔消声器，不仅消声效果好，而且不怕油，不怕水。

三、以声消声

用声音还可以削弱声音呢。

拿一个音叉，把它敲响后，在耳边慢慢转动，听！它发出来的声音时强时弱。

为什么会时强时弱呢？

这和音叉的两个叉股有关系。两个叉股就是两个声源，它们发出了疏密相间的声波。假如甲声源传来的疏波和乙声源传来的密波恰好同时到达某点，那么这一点的空气就会安静无波，在这里也就听不到声音了。当然这两个声波的频率和振幅必须相同，相位必须相反，才会以声消声。

消 声 器

根据这个原理，科学家正在研究"反噪声术"。

他们先在一个长方形的管道中做试验：在管道里安了两只喇叭，一只用来产生噪声，另一只用来产生反噪声，试验结果是管道内的噪声减弱到几乎听不见的程度。

后来，科学家又用话筒把涡轮机发出的噪声接收下来，送入扩大机中进行放大和倒相，再用喇叭播出反噪声。结果使涡轮机的噪声减弱了 16 分贝。

科学家们还惊异地发现，在噪声与反噪声相遇的地方，会造成一块"闹中取静"的安静地带。尽管四周一片喧哗，但在这一小块地方却是寂静无声的。目前能造出来的安静地带的空间还很小，只有 2 立方米左右，可以容纳一位同学在里边静心读书。

以声消声的"反噪声术"在实验中虽然有了令人鼓舞的结果，但要付诸实用还要跨越许多障碍。

四、治本的妙方

为了控制噪声，人们想出了隔声、吸声、消声等办法。但是，这都是些治标的办法，并没有从根本上防止噪声。

防治噪声的根本办法是从声源上治理它，把发声体改造成不发声体。

用锤子敲打一下充了气的橡胶轮胎，你会发现，并没有敲出多大声音来。要是用锤子打铁，那可是当当响的。

用液压代替锤打，就可以防止噪声。在液压机前工作，耳朵不会被震聋了。用焊接代替铆接，也可以改变"十铆九声"的状况。

但是，在工厂里总有金属相撞，如果金属都跟橡胶一样，敲不响，打无声，不就没有噪声了吗？

近些年来，科学家经过反复研究，终于造出了这种金属——无声合金。用铁锤去敲打无声合金的薄板，它竟然像橡胶那样安静！

无声合金具有金属的特性，又有橡胶的防震本领。它能把大部分振动的能量转变成热能，所以敲打或撞击时，就发不出那么大的声音了。用无声合金造的圆盘锯，能把噪声降低 10 分贝；装甲车里装上无声合金，噪声也可以降低 10 分贝；用无声合金制造潜艇的螺旋桨，提高了潜艇的保密隐蔽性能。

冶金学家研制出了各式各样的无声合金：锰铜合金、铜锌铝合金、镁锆合金、钛镍合金，尤其是铁铬铝合金，用途更广泛，它的减震性能比不锈钢强几十倍。

有趣的是：我国科学家还研制出了一种"毫无声破碎剂"，用它去破碎各种岩石、切割花岗岩比使用炸药时噪声小得多。看来，就是爆破的噪声，我们也有可能根治了。

当然，根治噪声还需要做许多艰苦的工作。就是科学上已经研究出的好方法，普及下去也需要经过一番努力。

玻 璃 棉

玻璃棉属于玻璃纤维中的一个类别，是一种人造无机纤维。采用石英砂、石灰石、白云石等天然矿石为主要原料，配合一些纯碱、硼砂等化工原料熔成玻璃。它是采用欧文斯科宁（简称 OC）独有专利离心法技术，将熔融玻璃纤维化并加以热固性树脂为主的环保型配方黏结剂加工而成的制品，是一种由直径只有几微米的玻璃纤维制作而成的有弹性的毡状体，并可根据使用要求选择不同的防潮贴面在线复合。其具有的大量微小的空气孔隙，使其起到保温隔热、吸声降噪及安全防护等作用，是钢结构建筑保温隔热、吸声降噪的最佳材料。

噪声控制基本途径

在我国，有关标准规定，住宅区噪声，白天不能超过 55 分贝，夜间应低于 45 分贝。世界上一些城市颁布了对交通运输所产生噪声的限制。我们需要知道的是：①30~40 分贝是理想的安静环境。②70 分贝会影响谈话。③长期生活在 90 分贝以上的环境中，听力会受到严重影响并引发神经衰弱、头疼、高血压等疾病。④如果突然暴露在高达 150 分贝的噪声中，轻者鼓膜会破裂出血，双耳完全失去听力；重者则会引发心脏共振，导致死亡。

为了防止噪声，我国著名声学家马大猷教授曾总结和研究了国内外现有各类噪声的危害和标准，提出了 3 条建议：①为了保护人们的听力和身体健康，噪声的允许值在 75~90 分贝。②保障交谈和通信联络，环境噪声的允许值在 45~60 分贝。③对于睡眠时间建议在 35~50 分贝。

次声与灾难结伴而来

在广漠无垠、气象万千的自然界，不仅海上风暴可以产生次声，而且许许多多的自然现象在发生的过程中，也都伴有次声的产生和传播。

1883 年 8 月 27 日，位于印尼苏门答腊岛和爪哇岛之间的喀拉喀托火山突然大爆发，巨大的爆炸声传到了 5 000 千米之外的印度洋上的罗德里格斯岛。同时，远离火山几万千米地方的观测站的微气压计也都出现了明显的读数偏差，后来证实这是这次火山爆发所产生的次声引起的。这是世界上首次记录到的次声。

1908 年 6 月 30 日，一颗特大的陨石落在了俄罗斯西伯利亚大森林中并发生了猛烈的爆炸，这就是有名的"通古斯大爆炸"。这次陨石大爆炸不仅发出了震天的巨响，而且也产生了很强的次声，在几万千米外的伦敦都记录到了。

此外，人们通过研究发现，地震海啸、电闪雷鸣、波浪击岸、水中旋涡、

晴空湍流、龙卷风、磁暴、极光等一类自然活动中，也都伴有次声产生出来。

各类自然现象中产生的次声，给我们送来了丰富的自然信息。虽然这种次声人们无法用耳朵直接听到它，但是可以利用各种仪器将它接收并记录下来。通过对它所携带信息的分析处理，就有可能使人们深入地认识这些自然现象的特性和规律，并能对某些灾害性事件作出比较科学的预报。

地震是一种经常发生的自然灾害，它是由于地球内部变动引起的地壳震动造成的。地震的破坏力很大，因此它给人类带来的灾难是深重的。1976 年 7 月 28 日，我国唐山发生的里氏 7.8 级大地震，把一个上百万人口的工业城市，顷刻间变成一片废墟。地震是不可避免的，因而加强地震探测和预报就显得格外重要。目前利用地震仪探测地震，还只能记录该仪器放置点的地面位移量，能不能通过某种方法测出较大范围内地面的位移量呢？科学家认为，有效地探测地震发生时发出的次声，有可能为地震测报工作提供一种新的方法。

强烈地震发生时，沿地球表面传播的地震波会向大气辐射次声。地震波有 3 种：纵向波、横向波和表面波。这 3 种地震波激发的次声强度各不相

龙 卷 风

同，其中以表面波产生的次声最强。接收这3种不同的次声，可以从中推算出地震波的垂直幅度、方向，龙卷风产生次声波和通过时的水平速度，进而就可知道接收地点周围某个范围内，由于受地震影响而发生的地面位移的平均值。

龙卷风也是一种破坏力很大的自然灾害，由于它常常来得突然，所以用一般气象预报方法很难对它作出预报。美国南部密西西比河流域是世界著名的陆上龙卷风多发地，在那儿附近人们经常记录到一种频率只有十分之几赫的次声，后来发现这种次声是从龙卷风发生区域传来的。现在人们就利用几个相隔上百千米的次声接收站组成探测网，通过接收次声来探测龙卷风的发生地点，并据此作出预报。用这种方法还可以探测其他的天气现象，并且根据对次声的频率分析，可以鉴别各种气象类型。

在地球南北极附近的夜空中，时常会出现一种五色斑斓、景色壮观的光带或光弧，这就是极光。由于极光对远程导弹预警雷达会产生干扰，所以人们一直在注意研究它的活动规律。后来人们发现，极光发生时能发出从千分之几赫到几赫的次声。近年来人们在高纬度地区设置了不少次声接收站，长年累月地接收和分析极光产生的次声，以便作出极光活动的预报。

利用自然界中各种现象产生的次声来探测和揭示自然现象的规律，是摆在人们面前的一个新的课题。随着这项研究工作的不断深入，相信被次声揭开的大自然的秘密，将会越来越多。

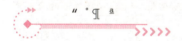

通古斯大爆炸

通古斯大爆炸，是1908年6月30日上午7时17分发生在俄罗斯西伯利亚埃文基自治区的大爆炸。爆炸发生于通古斯河附近、贝加尔湖西北方800千米处，北纬60.55°，东经101.57°，当时估计爆炸威力相当于10～15百万吨TNT炸药，超过2 150平方千米内的6 000万棵树焚毁倒下。不仅附近居民惊恐万状，而且还涉及其他国家。英国伦敦的许多电灯骤然熄灭，一

片黑暗；欧洲许多国家的人们在夜空中看到了白昼般的闪光；甚至远在大洋彼岸的美国，人们也感觉到大地在抖动……通古斯爆炸事件距今已满一个多世纪，目前当地的森林与生态环境已恢复。此事件与 3 000 多年前印度的死丘事件及 1626 年 5 月 30 日北京的王恭厂大爆炸并称为世界三大自然之谜。

包拉得里山洞

在匈牙利有个包拉得里山洞，附近一带风光旖旎，景色宜人，常有游客到此闲度时光。有一天，3 个旅行者兴致勃勃地来到这里，并进入山洞游玩。不幸的是，他们突然全部死亡。不是自杀，也不是谋杀，警方一时找不出 3 人死亡的原因。后来经过科学家们反复调查分析，真相终于大白：原来他们是被"无声杀手"——次声杀害的。这个山洞的入口廊道狭长，活像一个共振腔，而当时天气恶劣，大气压力急剧变化，洞内产生了强力的次声，3 个人恰在这时进入山洞，就这样意外地被次声杀害了。

次声对人体的危害

1929 年，美国一家剧院的老板，找到著名物理学家罗贝尔特·伍德，请他为剧院设计一个低音喇叭来增强歌剧演出时的音响效果。伍德按照要求，不久就把喇叭造出来了。经试听，声音浑厚，音色优美，老板十分满意。可是这只喇叭安装在舞台上以后，每当打开使用时，伍德就发现台下观众都呈现出一种莫名其妙的烦躁和不安，而喇叭关掉后，观众席上又逐渐恢复了平静和安定。他反复开关几次，情况总是这样。这是怎么回事呢？后来经过仔细研究，他终于找到了答案：原来这只喇叭，除了发出低音外，还发出一定强度的听不见的次声，而这种次声像噪声一样，对人体产生着不良影响。

次声对人体能够产生不良作用，也引起了其他科学家的注意。若干年前，法国科学家加弗罗和他的同事正在实验室里工作，突然都感觉耳朵一阵阵剧烈地疼痛，当时实验室里很安静，并没有什么刺激的声响。他们感到十分奇怪，但又查不清什么原因。以后也总有这样的情况发生。这时，他们根据已有的知识，敏感地意识到，一定是听不见的次声在作怪。但次声源在哪里呢？后来经过寻找，原来是邻居工厂的一台低速旋转的失修电扇。为了证实次声对人体的影响，他们动手制作了一台次声发生器，结果用这台仪器工作5分钟后，就会引起令人难以忍受的痛苦。

英国科学家坦佩斯特，从1964年起，也开展了次声对人体作用的研究。推动这一研究的起因，是位于"协和"式飞机喷气发动机试验场不远的设计室工作人员，经常出现头晕、恶心等症状。坦佩斯特等人通过调查发现，在试验发动机时，设计室内可以检测到很强的次声。显然，人体出现的病症，是喷气发动机产生的次声引起的。为了深入探讨次声对人体的危害，坦佩斯特领导的科研小组做了大量的试验工作，经过几年的努力，最后查明，频率为2～10赫的次声，可以破坏人体的平衡器官，造成耳朵、神经系统和大脑的损伤，从而引起恐惧、头痛、晕眩、恶心、呕吐、

喷气发动机

眼球上下颤动等症状。

另外，还有一些科学家专门研究了高强度次声对人体的影响。例如，法国科研人员用频率7.5赫、强度为130分贝的强次声，对42个青年进行试验，结果发现所有受试者都出现了心脏收缩和呼吸节律的变化、视听功能减退、精神沮丧和肌肉痉挛等症状。

那么，次声为什么能对人体功能产生损害作用呢？据研究，主要是因为次声频率很低，具有很强的穿透力，因此它能轻易地透过人体。而人的肌肉和内

脏器官的固有频率，一般在几赫左右，所以在次声的作用下，很容易发生共振，这样就会使人体肌肉和内脏器官受损。

在人们生活的周围存在着大量的次声源，它们不断地向外辐射出各种频率的次声来。除了各种自然现象外，像鼓风机、搅拌机、打火机、柴油机、洗衣机、各种锅炉以及板的振动、流体的流动、燃烧爆炸、气压变化等等，也都能产生次声。这些次声对人体都有一定的影响。例如，住在10层以上高楼的人，刮大风时常有不舒服的感觉；有人乘车坐船时常有晕车晕船的现象；安置在墙内的通风机开动时，坐在近处的人感到十分难受；天气变化时，人们常会产生烦躁情绪等。现在查明这些都是身边的次声引起的。

次声是一种听不见的噪声，它像普通噪声一样，危害着人体的健康。因此，近年来关于次声的防治，已越来越引起人们的关注。防治次声的方法基本上与一般噪声的防治方法相同，也是从声源、传播和接收3个方面入手。有的国家已明确把次声列为公害之一，还规定了最大容许次声级的标准。例如美国，在宇航器发射基地附近，居民短时间暴露的容许最大次声级为120分贝，对航天员为140分贝。瑞典规定，在工作环境暴露8小时的情况下，频率从2~20赫时，允许最大次声级为110分贝。

喷气发动机

　　喷气发动机是一种通过加速和排出的高速流体做功的热机或电机，使燃料燃烧时产生的气体高速喷射而产生动力。大部分喷气发动机都是依靠牛顿第三定律工作的内燃机。该定律表述为："作用在一物体上的每一个力都有一大小相等方向相反的反作用力。"就飞机推进而言，"物体"是通过发动机时受到加速的空气。产生这一加速度所需的力有一大小相等方向相反的反作用力作用在产生这一加速度的装置上。喷气发动机用类似于发动机/螺旋桨组合的方式产生推力。二者均靠将大量气体向后推来推进飞机，一种是以比较低速的大量空气滑流的形式，而另一种是以极高速的燃气喷气流形式。

延伸阅读

管式与扬声器式次声武器

　　管式次声武器其构造和工作原理很像乐器中的笛子，当管子中空气柱的振动与管子本身固有频率相同时，就可产生较强的次声波。在管子一端装上一个活塞，用电动机驱动或用气流激励，当振动频率的 1/4 波长与管子长度相等时，可获得最强的次声波。但要产生次声波，管子必须足够长。

　　扬声器式次声武器其工作原理与扬声器相似。采用特殊的振动膜片，膜片振动可产生一定频率的次声波。但要产生一定强度的次声波，除要求较高的振幅外，还必须使振动膜面积足够大，其周长大致要与次声波波长相当。

次声疑是海难"元凶"

　　1932 年冬天，苏联的"塔伊梅尔号"探险船在北冰洋上航行时，船上的一位研究海上风暴能够产生次声的科学家正待释放一只探空气象气球，无意间他的脸贴到气球壁上，顿时耳朵感到一阵疼痛，他立即甩开了手中的气球。凑巧，就在这天夜里，海面上发生了强烈的风暴。

　　这件事引起了正在船上的舒赖伊金院士的注意。以后他就留心观察，发现每当海上风暴到来之前，气球里就会传出一种低频率的振动，使人的耳膜产生压迫的感觉，风暴越近，这种感觉也就愈明显。后来经过研究证实，气球传出的是一种频率小于 16 赫的听不见的声音——次声。

　　那么，这种次声是从哪儿来的？它同海上风暴又有什么关系呢？

　　原来这种次声是从海上远处的风暴中心传过来的。当远处发生风暴时，强大的气流同海浪摩擦，就会有次声产生出来。由于次声在空气中的传播速度跟可听声一样为每秒钟 340 米，而风暴中心的移动速度还不到每秒钟 30 米，因此，次声就成了海上风暴的先行兵，早早把风暴到来的信息传到了远方。当人们接收到这种次声后，就预示着风暴将要来临了。"塔伊梅尔号"船上的科学家，是无意中通过气球内的气体同次声共振而接收到海上次声的。没想到这一偶然发现，竟成了今天海上作业人员探测次声、预报风暴的一种最简便的方法。

现在，人们已经利用这个道理，制成了自动记录、预测海上风暴的仪器。

某些水生动物对次声波也很敏感。每当海滩上的小虾跳到离海较远的地方去，鱼和水母急忙离开海面，纷纷潜入深深的海底时，有经验的渔民就会知道海上风暴即将来临，迅速地收起鱼网，返回渔港。

有意思的是，近来不少科学家认为，多年来令人困惑不解的"鲸集体自杀"事件，很可能与海上风暴产生的这种次声有关。据记载，自 1913 年至今，世界上已知有 1 万多头鲸搁浅自杀，其中不少还是集体自杀的。如 1980 年 6 月 30 日，在澳大利亚新南威尔士北部特里切里海滩，一次就有 58 头巨头鲸集体自杀，其场面十分悲壮。鲸为什么会集体自杀，目前科学界众说纷纭，莫衷一是。物理学家对此作出的解释是：鲸和海豚一样，是靠声呐导航系统在水中生活和运动的。当海上风暴产生的强大的次声作用到鲸上后，将破坏鲸的声呐系统，致使鲸迷失方向，搁浅海滩，这时它就会向同伴发出呼救信号。由于亿万年种群生活使鲸鱼养成了保护同类的本能，一头鲸遇难，其他的鲸就会前去救援，而且只要有一个同伴没有脱险，其他的鲸就不忍离去，这就导致了整个种群集体遇难的悲剧。这种说法是否成立，还有待于今后进一步的科学论证。

另外，最近还有人把神秘莫测的百慕大三角区发生的悲剧，也归咎于海上风暴产生的次声。"百慕大三角区"是指大西洋西部的一片三角形海域，自 1872 年以来，已经有几百艘船只、几十架飞机和 1 000 多人在此海域莫名其妙地失踪遇难，因此世人称它为"魔鬼三角"。

是谁导演了"魔鬼三角"的

海上风暴

悲剧，当然现在有各种各样的说法。其中最新提出的"次声说"认为，百慕大三角区是天气变化极其剧烈的海域，赤道上的热空气与北极的冷空气在这里相遇，常会掀起巨大的海上风暴。猛烈的海暴不仅造成电磁暴，完全破坏无线电通讯，而且会产生强大的次声。这种次声足以折断舰樯，摧毁舰体，使整个舰船被随之而来的狂风恶浪吞噬海底。而进入风暴中心的飞机，则被卷入到所谓"气坑"或"气穴"之中，由于机体陡然上升或下降数百米，以致造成机毁人亡。此外，百慕大地理环境极其复杂，这里有异常活跃的地震带，有地势险恶的大西洋海沟，又有经常爆发的海底火山，这些也都是强大的次声源。它们产生的次声，也都可能是造成舰艇、飞机失事的重要原因。

总之，海上风暴产生的次声，同海上种种奇异现象有着密切的联系。因此，深入研究这种次声产生的机制和它所起的作用，将有助于人们揭开海洋中许多未知的秘密。

百慕大三角

百慕大三角区（又称魔鬼三角或丧命地狱，有时又称百慕大三角洲），位于北大西洋的马尾藻海，是由英属百慕大群岛、美属波多黎各及美国佛罗里达州南端所形成的三角区海域，面积约390万平方千米（150万平方英里）。

"百慕大魔鬼三角区"名称的由来，是1945年12月5日美国第19飞行队在训练时突然集体失踪，当时预定的飞行计划是一个三角形，于是人们后来把美国东南沿海的大西洋上，北起百慕大，延伸到佛罗里达州南部的迈阿密，然后通过巴哈马群岛，穿过波多黎各，到西经40°线附近的圣胡安，再折回百慕大，形成的一个三角地区，称为百慕大三角区或"魔鬼三角"。这儿有世界著名的墨西哥暖流以每昼夜120～190千米流过，且多旋涡、台风和龙卷风。不仅如此，这儿海深达4 000～5 000米，有波多黎各海沟，深7 000米以上，最深达9 218米。

延伸阅读

次声的影区与聚焦区

大气温度密度和风速随高度具有不均匀分布的特性，使得次声在大气中传播时出现影区、聚焦和波导等现象。当高度增加时，气温逐渐降低，在 20 千米左右出现一个极小值；之后，又开始随高度的增加，气温上升，在 50 千米左右气温再次降低，在 80 千米左右形成第二个极小值；然后又升高。大气次声波导现象与这种温度分布有密切关系，声波主要沿着温度极小值所形成的通道（称为声道）传播，通常将 20 千米高度极小值附近的大气层称为大气下声道，高度 80 千米附近的大气层称为大气上声道。次声波在大气中传播时，可以同时受到两个声道作用的影响。在距离声源 100~200 千米处，次声信号很弱，通常将这样的区域称为影区。在某种大气温度分布条件下，经过声道传输次声波聚集在某一区域，这一区域称之为聚焦区。

次声泄露核爆炸机密

1964 年 10 月 16 日，我国成功地爆炸了第一颗原子弹，令全球震惊。这次核试验，从核弹的设计、研制到爆炸，完全是在十分秘密情况下进行的。可是，当我国新闻界还没有向世人公布爆炸的消息时，国外的传播媒体却竞相把它作为特大新闻广播或刊登在报纸上了。报道中不仅说明了核爆炸的时间、地点和方式，而且还指出了爆炸当量，这些可是核爆炸的核心机密呀！那么，是谁泄露了这次核爆炸的机密呢？人们都在背后议论着。核爆炸的"泄露者"原来不是别人，而是它产生的次声波。

原子弹爆炸时，爆炸中心处的温度骤然上升到几百万摄氏度。极度的高温把周围的物质均化为气体，形成一团大火球，火球迅速膨胀，激起一股强劲的冲击波，冲击波以无坚不摧之势横扫大地，传向四面八方。在此过程中，冲击波能量逐渐衰减，最后就演变成了可听声波和次声波。

我国第一颗原子弹爆炸

由于空气对不同频率的声波吸收作用不同，因此声波在大气中传播呈现一个明显的特点：频率越高，传播距离越近；频率越低，传播距离越远。次声在声音大家族中是频率最低的成员，自然它在大气中传播的距离要比可听声远。正是由于这个原因，核爆炸产生的冲击波转变成声波以后，可听声波传不了多远的距离就消失了，而次声波却像一名出色的马拉松选手，一直奔跑到很远的地方。据实验观测，一次爆炸能量相当于 1 000 吨 TNT 炸药的核爆炸产生的次声波，可以传播上千千米，而一次 1 000 万吨当量的核爆炸产生的次声波，可以传播几万千米。1961 年 10 月 30 日，苏联在新地岛进行的 5 800 万吨当量的核爆炸，曾有过次声绕地球 5 圈、行程达 20 万千米的记录。核爆炸产生的次声，携带了大量核机密的信息，因此通过接收和测定次声，就能获取核爆炸的重要情报。

用来接收和测定核爆炸次声的侦察系统，是由若干个次声传声器组成的庞大的"次声阵"，它把接收到的次声信号转换成电信号后，输入到电子计算机中进行处理。电子计算机通过分析次声的信号幅值、频谱等特性，并考虑传播距离、路径及大气气象参数的影响，能综合计算得出核爆炸的当量，识别出爆炸方式。如果用几个这样不同方位的"次声阵"，同时测定核爆炸到达的方位角，就可判断出核爆炸源的位置来。

在人类活动中，不仅核爆炸可以产生次声，其他像导弹飞行、轮船航行、火炮发射、汽车疾驰、甚至高楼和大桥摇晃等，也都能辐射次声。例如，很早以前人们就曾记录到一种零点几秒钟振动一次的次声，它传播的速度非常之快，超过每秒钟 600 米。后来经过调查证实，它是由一枚正在飞行的大型火箭产生的。在美国纽约，科学家用次声传声器，还收到过 1 500 千米外肯尼迪角发射阿波罗宇宙飞船发出的次声。

在各种人类活动中产生的次声，里面也包含许多有用的信息，因此可以利

自然的韵律 ZIRAN DE YUNLV　物理能量转换世界　WULI NENGLIANG ZHUANHUAN SHIJIE

用它来为人类服务。例如，在战争中为了准确地摧毁敌人的火炮阵地，需要侦察出对方火炮的位置。目前普遍采用的雷达或激光技术，只能侦察出明处的火炮，对隐蔽在山后或坑道中的火炮就无能为力了。由于火炮发射时伴随有次声产生，所以采取声测技术，就可以解决上述难题。方法很简单：用几个不同方位的次声传声器，分别接收火炮发出的次声，根据各传声器收到次声信号的时间差，就能计算出火炮阵地的位置。利用类似的方法，还可以用来侦察近程导弹、火箭发射架和导弹的弹着点等。

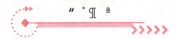

原子弹

原子弹是核武器之一，是利用核反应的光热辐射、冲击波和感生放射性造成杀伤和破坏作用，以及造成大面积放射性污染，阻止对方军事行动以达到战略目的的大规模杀伤性武器。主要包括核裂变武器（第一代核武器，通常称为原子弹）和核聚变武器（亦称为氢弹，分为两级式和三级式）。原子弹主要是利用^{235}铀或^{239}钚等重原子核的裂变链式反应原理制成的裂变武器；氢弹主要是利用重氢（氘）或超重氢（氚）等轻原子核的热核反应原理制成的热核武器或聚变武器。也有些还在武器内部放入具有感生放射的轻元素，以增大辐射强度扩大污染。

风对次声的影响

风也会对次声在大气中的传播产生很大的影响。次声的传播在顺风和逆风时差别很大：顺风时，声线较集中于低层大气；逆风时，产生较大的影区。不同频率的次声在大气声道中传播速度不相同，产生频散现象，这使得在不同地

182

点测得次声波的波形各不相同。

　　大气的密度随高度增加而递减，如果次声波的波长很大，例如有几十千米长，这时，在一个波长的范围内，大气密度已经产生显著的变化了。当大气媒质在声波的作用下受到压缩时，它的重心较周围媒质提高，这时除了弹性恢复力作用外，它还受重力的作用。反之，当它在声波作用下膨胀时，也有附加重力作用使它恢复到平衡状态。所以长周期的次声波，除了弹性力作用外，还附加有重力的作用，在这种情况下，次声波通常称为声重力波。声重力波在大气中传播时，在理论上可以看作是一些简正波的叠加。基本上可分为声分支和重力分支。它们在大气中传播都具有频散现象。由于重力分支主要能量在地面附近传播，相应地面附近温度较高，因此传播速度较大。